W0258294

Myeloische Metaplasie und fötale Blutbildung

und deren Histogenese

Von

Dr. med. Heinrich Fischer

Sanatorium „Untere Waid"
bei St. Gallen (Schweiz)

Springer-Verlag Berlin Heidelberg GmbH 1909

ISBN 978-3-662-31956-7   ISBN 978-3-662-32783-8 (eBook)
DOI 10.1007/978-3-662-32783-8

Universitäts-Buchdruckerei von Gustav Schade (Otto Francke) in Berlin.

Vorwort.

Nachdem die klinisch-hämatologische Forschung seit den grundlegenden Untersuchungen P. Ehrlichs immer mehr an Bedeutung gewonnen hatte, machten sich in der letzten Zeit auch Bestrebungen geltend, nicht bloß histologische Blutbilder, sondern auch histologische „Organbilder" nach hämatologischen Prinzipien zu schaffen. Der Zweck, welcher dieser Tendenz zugrunde liegt, besteht darin, die bei gewissen Krankheitszuständen gefundenen mehr oder weniger charakteristischen Blutbefunde in kausalen Konnex zum Verhalten der blutbildenden Organe zu setzen, um schließlich auf Grund einer großen Summe kritisch gesichteter Erfahrungen, vermittelst der exakten klinischen Untersuchung sich ein möglichst klares Bild von dem Funktionszustand des hämato- und lymphopoetischen Apparates machen zu können. Leider standen diesen Bestrebungen pathologischer Anatomen und pathologisch-anatomisch geschulter Hämatologen Schwierigkeiten aller Art im Wege, welche wohl manchen Forscher veranlaßt haben mögen, diesem scheinbar undankbaren Gebiet den Rücken zu kehren. Und doch vermag eine sorgfältige histologische Technik, welche auf genügendem theoretischen Verständnis der Methodik basiert, und die Potenz individualisierenden Handelns besitzt, auch auf dem hämatologischen Spezialgebiet der pathologischen Histologie ganz brauchbare Resultate zu zeitigen. Eine Unmasse wichtiger Fragen können eben nur auf diese Weise und nicht durch die Methoden der sog. „peripheren" Hämatologie gelöst werden.

Leider war es mir nicht mehr möglich die technischen Fragen in dieser Arbeit zu berücksichtigen; auch von der Herstellung farbiger Tafeln mußte hier Abstand genommen werden, um weiteren Verzögerungen der Publikation vorzubeugen.

Auf die Verhältnisse der embryonalen und fötalen Blutbildung wurde entsprechend ihrer eminenten Bedeutung bei der Lösung zahlreicher hämatologischer Probleme ziemlich ausführlich eingegangen. Auch die verschiedenen Auffassungen, welche das Wesen und die Histogenese der myeloischen Metaplasie betreffen, habe ich in eingehender Weise geschildert, klassifiziert und kritisch gesichtet.

Die einschlägige Literatur wurde meist sehr detailliert berücksichtigt, teils um Mißverständnis zu verhüten und Halbheiten zu vermeiden, und anderseits weil öfters auf dieselbe Bezug genommen werden mußte. Außerdem hatte vorliegende Publikation auch eine möglichst komplette Schilderung des Gegenstandes sich zum Ziel gesetzt.

Schließlich habe ich meine eigenen Ansichten betreffs der verschiedensten Probleme der fötalen (inkl. embryonalen) und der pathologischen postfötalen Hämatopoese auf Grund der folgenden und auch anderer noch nicht von mir publizierter Untersuchungen präzisiert und bin auch auf eine Reihe von Neben-Befunden (Plasmazellen, Mastzellen, Bedeutung der Nukleolen, der sog. basophilen Quote der neutrophilen und eosinophilen Granula, der Protoplasma-Basophilie, der basophilen Punktierung der roten Blutzellen usw.) ziemlich ausführlich eingegangen.

Inhalt.

II. Teil.

Eigene Untersuchungen und Befunde an pathologischem Material.

III. Teil.

Untersuchungen an fötalen menschlichen Organen.

IV. Teil.

I. Teil.

Unter myeloischer Metaplasie versteht man die Umwandlung von Organen oder bestimmten Organbezirken in Form einer zirkumskripten knotigen oder diffusen Proliferation myeloischer Zellen. Letztere Elemente können dabei typische oder atypische morphologische Charaktere besitzen und führen schließlich bei bedeutenderer Intensität und Extensität des Wucherungsprozesses zu deutlich sichtbarer Verdrängung des normalen Parenchyms.

Der Befund der myeloischen Metaplasie wurde bisher erhoben bei myeloischer und lymphatischer Leukämie, hier allerdings in geringem Umfang (inkl. lymphatischer Pseudoleukämie), ferner bei perniziöser und andern schweren Anämien, Anaemia pseudoperniciosa infantum und andern Kinderanämien, posthämorrhagischer Anämie, experimentellen Blutungs- und Blutgiftanämien bei Tieren, malignen Tumoren des Knochenmarkes, Osteosklerose, Plethora vera und verschiedenen Infektionskrankheiten.

Da nach Ansicht fast aller Autoren myeloisches Gewebe im postfötalen Leben nur noch im Knochenmark existiert, so nahmen Neumann und Ehrlich an, daß die Organveränderungen bei myeloischer Leukämie als von der Medulla ossium ausgehende „Metastasen" zu deuten seien. Diese Lehre blieb trotz ungenügender histologischer Beweisführung längere Zeit die herrschende, obgleich es an andern Auffassungen nicht fehlte, doch vermochten letztere bis vor kurzem gegen die von Ehrlichs Autorität gestützte Doktrin nicht durchzudringen. Erst seit der Existenz brauchbarer Granula-Färbungsmethoden im Schnitt ist es gelungen, dem histogenetischen Werdegang myeloischer Umwandlungsprozesse näher zu treten und das Dunkel einigermaßen zu lichten. Zur leichtern Gewinnung einer Übersicht will ich versuchen, die bisherigen Auffassungen zu klassifizieren, muß aber vorher bemerken, daß ein einheitliches durchgehendes Erklärungsprinzip den meisten Autoren nicht vorgeschwebt hat, indem die für die Milz aufgestellten Thesen meist auf die Leber oder die Lymphdrüsen nicht anwendbar waren und umgekehrt. Da ich später auf die Details in den verschiedenen Auffassungen eingehe, soll hier anticipando nur das Skelett der bestehenden Doktrinen skizziert werden.

I. Theorie der Innidation, d. h. Einschwemmung myeloischer Zellen aus dem Knochenmark in die verschiedensten Organe und Körperteile auf dem Blutwege und Ansiedlung und Vermehrung der betreffenden Elemente daselbst (Neumanns und Ehrlichs Metastasen; Sternberg [ausgenommen die Milz]; Hellys Kolonisation oder innere Transplantation; Grawitz; K. Ziegler; W. Schultze: im Anschluß an Blutungen).

II. Myelogene Geschwulsttheorie und Metastasenbildung nach Art maligner Tumoren. (Banti, Ribbert, Schneiter).

Diese Auffassung kann sich natürlich nur auf die myeloisch-leukämischen Organveränderungen beziehen, nicht aber auf die myeloische Umwandlung bei Infektionskrankheiten, schweren Anämien u. a.

III. Theorie der autochthonen Genese myeloischer Formationen, d. h. Entstehung derselben

a) *aus Parenchymzellen.*

Hier haben wir nun bei den verschiedenen Gruppen, welche unter diese Kategorie fallen, zwischen unitaristischer und dualistischer Auffassung zu unterscheiden. Die Unitarier proklamieren die Genese sowohl myeloischer als auch lymphatischer Zellaggregate aus den gleichen Vorstufen; nach der Ansicht der Dualisten hingegen können aus einer und derselben Zellart resp. Vorstufe entweder nur myeloische oder nur lymphatische Elemente sich entwickeln, da eine beiden Systemen gemeinsame Stammzelle entweder nicht anerkannt wird oder wenigstens nach Ansicht der betreffenden Autoren in der Ontogenie sehr weit zurückliegt.

Es sind nun folgende fünf Arten von Parenchymzellen, aus welchen je nach dem Standpunkt des Autors nur myeloische oder auch lymphatische Formationen sich entwickeln können:

1. Aus indifferenten (lymphoiden) Pulpazellen:
   Unitaristische Auffassung: E. M e y e r und A. H e i n e k e.
   Dualistische Auffassung: — —
2. Aus „eigentlichen" Lymphozyten oder sogenannten „Großen Mono":
   Unitarier: H i r s c h f e l d.
   Dualisten: — —
3. Aus indifferenten Groß-Lymphozyten:
   Unitarier: P a p p e n h e i m.
   Dualisten: — —
4. Aus Splenozyten (Milz!):
   Unitarier: — —
   Dualisten: T ü r k.
5. Aus präexistentem Myeloidgewebe (Myelozyten in der Milz):
   Unitarier: — —
   Dualisten: S t e r n b e r g , L e h n d o r f f und Z a k.

b) *Entstehung myeloischer Formationen aus Gefäßwandzellen :*
1. Aus indifferenten Adventitia-Zellen (M a r c h a n d , N a e g e l i).
2. Aus Blutgefäßendothelien (M. B. S c h m i d t; S c h r i d d e und L o b e n h o f f e r durch Heteroplasie oder indirekte Metaplasie).

A n h a n g: Manche Autoren sprechen auch von einer Proliferation latenten myeloischen Gewebes unter den verschiedensten pathologischen Bedingungen und von Wiedererwachen der hämatopoetischen Funktion in den verschiedenen Organen (D o m i n i c i , B é z a n ç o n et L a b b é , W a l z). Eine nähere Charakteristik dieses latenten myeloischen Gewebes wird aber nicht gegeben.

Bevor ich auf die Anschauungen der verschiedenen Autoren über die Histogenese bei normaler (fötaler) und pathologischer Blutbildung näher eintrete, erweist es sich als zweckmäßig, eine gedrängte Übersicht über das Vorkommen myeloischer Metaplasie in bezug auf Krankheiten und Organe zu geben[1]).

---

[1]) Zitiert nach O. N a e g e l i , Blutkrankheiten und Blutdiagnostik. Leipzig 1907. I. Hälfte.

Es fand sich myeloische Umwandlung bei:

1. Posthämorrhagischer Anämie: Erythropoese der Milz (Pellacani und Foà).
2. Experimentellen Blutungsanämien bei Tieren: Erythropoese der Lymphdrüsen (Grünberg und Dominici).
3. Blutentzug bei Tieren: Erythropoese der Milz (Bizzozero und Salvioli, Foà und Carbone, Foà, Eliasberg und Grünberg, Howell und besonders Dominici).
4. Leukanämie: Erythropoese der Milz (Luce).
5. Perniziöse Anämie: Erythropoese der Milz (A. Wolff, Engel, Kurpjuweit, E. Meyer und Heineke); Erythropoese der Leber (Engel, E. Meyer und Heineke).
6. Schwere Anämien: Erythropoese der Milz (E. Meyer und Heineke); Erythropoese der Leber (E. Meyer und Heineke, Engel); Myelopoese der Milz (Wolff, Hirschfeld, Kurpjuweit, Naegeli, Sorochowitsch, E. Meyer und Heineke, Swart, Kerschensteiner); Myelopoese der Lymphdrüsen (Hirschfeld, Naegeli, Sorochowitsch, Kurpjuweit, Swart).
7. Kinderanämien: Erythropoese der Milz (Luzet, Audéoud, Pellacani und Foà, Naegeli, Sorochowitsch und Swart). Erythropoese der Leber Luzet, Naegeli, Sorochowitsch, Swart); Erythropoese der Lymphdrüsen (Steffen und Elben wahrscheinlich; Naegeli, Sorochowitsch und Swart); Erythropoese der Niere (intrakapillär, Swart); Myeolopoese der Niere (Swart).
8. Experimentelle Blutgiftanämie: Erythropoese der Milz (Heinz, E. Meyer und Heineke), letztere zwei Autoren fanden auch Erythropoese und Myelopoese der Leber.
9. Experimentelle Bleianämie: Myeloische Umwandlung der Milz (Ribadeau-Dumas).
10. Lymphomatosen: Myeloische Metaplasie der Milz als Kombination (?) lymphatischer und myeloischer Leukämie (Hirschfeld).

11. **Myeloische Leukämie:** Myelopoese der Leber, häufig auch der Lymphdrüsen; Myelopoese der Milz (durch Ausstriche seit **Ehrlich** bekannt).

12. **Maligne Tumoren:** Bei Knochenmarkskarzinom, Erythropoese der Milz (**Kast, Frese** und **Kurpjuweit**); Erythropoese der Leber (**Kurpjuweit**); Erythropoese der Lymphdrüsen (**Epstein**); Myelopoese der Leber (**Kurpjuweit, Askanazy, Nauwerk, Moritz** und **Naegeli**); Myelopoese der Milz (**Kast, Frese, Kurpjuweit, Askanazy**); myeloische Metaplasie der Lymphdrüsen (**Kurpjuweit**).

13. **Osteosklerose:** Erythropoese der Milz (**Nauwerk** und **Moritz** und H. **Aßmann**[1]); Erythropoese der Leber (**Askanazy**); Erythropoese der Lymphdrüsen (**Rindfleisch**); Myelopoese der Leber (**Kurpjuweit** u. a.); der Lymphdrüsen (**Moritz** und **Nauwerk**); der Milz (letztere und **Askanazy**).

14. **Plethora vera:** Myelopoese der Milz (**Hirschfeld**).

Infektionskrankheiten.

15. **Kongenitale Lues:** Erythropoese der Leber (**Rocco di Lucca, Hecker, Erdmann, Kimla** und **Naegeli**); intrakapilläre Erythropoese der Niere (**Swart**); Myelopoese der Leber (**Hecker, Kimla, Schridde, Naegeli**); myeloische Metaplasie der Milzpulpa (**Naegeli** und **Kimla**).

16. **Lues:** Erythropoese der Milz (**Kimla**); myeloische Umwandlung in Lymphdrüsen und Thymus (**Schridde**); und in der Niere (**Schridde** und **Swart**).

17. **Sepsis:** Nach Blutentzug und gleichzeitig hinzutretender Sepsis, Erythropoese der Milz (**Neumann**); auch Neugeborene, deren Mütter an Sepsis starben, zeigten Erythropoese der Milz und Myelopoese der Niere (**Swart**) und Erythropoese der Leber (**Swart**).

---

[1] Dr. H. **Assmann**, Beiträge zur osteosklerotischen Anämie. **Zieglers** Beiträge, Bd. 41, 1907.

18. D i p h t e r i e: Erythropoese und Myeolopoese der Milz
(S i m o n , N a e g e l i und H. F i s c h e r).

19. T y p h u s: Bei experimenteller Typhusintoxikation bei
Tieren fand D o m i n i c i Erythropoese der Milz.

20. V a r i o l a: Erythropoese der Milz (G o l g i , D o m i n i c i ,
E. W e i l) und in der Leber (D o m i n i c i und W e i l);
Myelopoese der Milz und Lymphdrüsen (E. W e i l).

21. P e s t: Bei experimenteller Pestinfektion, Erythropoese der
Milz (D o m i n i c i).

22. P n e u m o n i e: Myeloische Umwandlung der Milzpulpa
(U s k o f f).

23. S c a r l a t i n a: Myelopoese der Milz (K l e i n).

24. E r y s i p e l: Myeloische Metaplasie der Milz (W o l f f).

25. M a l a r i a: Erythropoese der Milz (J a n c s o).

26. Bei Infektion des Muttertiers mit verschiedenen Infektions-
erregern fand N a t t a n - L a r i e r hochgradige Erythropoese im Embryo z. B. in der Leber, sowie auch Myelopoese
der Leber.

27. D o m i n i c i und S i m o n konstatierten bei menschlichen
Embryonen des 5. und 7. Monats erythropoetische Herde
im großen Netz, wenn die Mutter an schweren Infektionskrankheiten gelitten hatte.

28. S t e r n b e r g und K u r p j u w e i t fanden myeloische
Metaplasie der Milzpulpa bei den verschiedensten Infektionskrankheiten, nicht dagegen H i r s c h f e l d[1]).

29. Bei gleichzeitiger Erzeugung von Anämie riefen durch In-
fektion bei Tieren myeloische Metaplasie der Milz hervor
D o m i n i c i , B é s a n ç o n und L a b b é und N a t t a n -
L a r i e r.

30. Bei Infektionen fand Myelopoese in den Lymphdrüsen
H i r s c h f e l d , sowie D o m i n i c i bei experimentellen Infektionen der Tiere.

31. Nach Milzexstirpation fand T i z z o n i eine große Zahl
erythropoetischer Nebenmilzen.

32. Bei verschiedenen Kinderkrankheiten:
Myelopoese der Leber (S w a r t und N a t t a n - L a r i e r).

33. v. E b n e r , S t e r n b e r g und K u r p j u w e i t nehmen

---

[1]) Berl. klin. Wochenschr. 1906. Nr. 32.

an, daß die menschliche Milz schon normalerweise einige Myelozyten enthalte. Bei einigen Säugetieren läßt sich dies tatsächlich nachweisen, so bei der Maus (A s c h h e i m und W o l f f); beim Beuteltier (P a p p e n h e i m); beim neugeborenen Meerschweinchen (D o m i n i c i); beim normalen Kaninchen (D o m i n i c i und N a e g e l i); myeloische Leber bei neugeborener Maus (N a e g e l i).

Dieses Wiederauftreten von Erythropoese und Leukopoese bei zahlreichen pathologischen Vorgängen und Zuständen in Organen, welche während der Embryonal- und Fötalzeit der Blutbildung dienten (Leber, Milz, Lymphdrüsen, Thymus, Niere usw.) ist eines der interessantesten und schwierigsten Probleme der pathologischen Histologie.

Wie Naegeli treffend bemerkt, ist dieses Phänomen sowohl in morphologischer als in funktioneller Hinsicht als biologischer Atavismus zu bezeichnen und hat sich auch E n g e l dieser Anschauung neuestens angeschlossen.

Die Existenz dieser Blutbildungsherde wurde von verschiedenen Autoren, wie z. B. E h r l i c h , N e u m a n n , G r a - w i t z , bestritten. Gegenwärtig ist jedoch dieser Standpunkt nicht mehr haltbar, denn es ist nunmehr einer großen Anzahl von Forschern gelungen, die Vorstufen der normalerweise im Blute zirkulierenden Zellen (d. h. also Erythroblasten, Myelozyten und Myeloblasten) auf Organausstrichen (bei Fehlen derselben im Blute während der klinischen Beobachtung und bei der Sektion) und zugleich in Schnittpräparaten nachzuweisen. Die Lagerung der fraglichen Elemente war dabei öfters nicht bloß eine intra-, sondern auch eine extra-vaskuläre, ohne daß Blutungen und Gefäßwanddefekte nachgewiesen werden konnten.

Auf das massenhafte oder spärliche Auftreten von Erythroblasten, Myelozyten und Myeloblasten in Organausstrichen wollen wir, nebenbei bemerkt, keinen allzu großen Wert legen. Wir mußten nämlich nicht selten die Erfahrung machen, daß trotz relativ geringer Mengen der obengenannten Vorstufen im Ausstrich eine nicht unerhebliche hämatopoetische Tätigkeit in den betreffenden Organen sich etabliert haben kann; anderseits war öfters trotz der Existenz zahlreicher Myelozyten usw. in Organausstrichen nur eine relativ geringe myeloische Metaplasie im Schnitt nachweisbar. Der Japha-Fränkelsche Nachweis zur

Konstatierung myeloischer Umwandlung ist wegen des gelegentlichen Vorkommens zahlreicher Myelozyten im Blute durchaus ungenügend, wie N a e g e l i [1]) früher schon betont hat. Es ist bei Organausstrichen auch sehr zu berücksichtigen, daß besonders bei hyperämischen Zuständen die zellulären Elemente der intraorgan durchschnittenen Gefäße sich wohl leichter als die Parenchymzellen dem abzustreichenden Gewebesaft beimischen und dadurch eine Verschiebung der absoluten und relativen Mengenverhältnisse der zellulären Gewebssaftelemente bedingen können. Anderseits ist es auch möglich, daß die verschiedenen Arten von Parenchymzellen sich verschieden leicht dem Gewebssaft beimischen.

Ein anderer Umstand, auf den S c h r i d d e schon aufmerksam gemacht hat, ist die Unmöglichkeit, eine exakte Kernanalyse vorzunehmen wegen Quetschung und Pressung der morphotischen Kern- und Protoplasmaelemente und Störung ihrer gegenseitigen topographischen Relationen; außerdem ist die Feststellung der sterischen Beziehungen der myeloischen Elemente zu den normalen Parenchymzellen beim Organausstrich vor vornherein ausgeschlossen. Die Beweiskraft von Ausstrichpräparaten ist demnach aus den angeführten Gründen für unsere Zwecke beinahe auf Null reduziert.

Nach den Untersuchungen von N a e g e l i [2]) u. a. verläuft die Erythropoese intrakapillär in dilatierten Blutgefäßen; so z. B. in der Leber in den stark erweiterten Pfortaderkapillaren; in der Milz in den erweiterten Pulpavenen und in den Lymphdrüsen in den Kapillaren der Marksubstanz.

Was die pathologische Leukopoese anbetrifft, so findet dieselbe nach den Untersuchungen von N a e g e l i [3]) und andern Autoren in der Leber (auch beim gesunden Embryo) sowohl intrakapillär als perivasculär statt.

In bezug auf die Leukopoese der Milz ließ sich bisher feststellen, daß niemals die Follikel oder deren Keimzentren Sitz der myeloischen Metaplasie waren, sondern stets nur die Pulpa, welche ja auch embryonal leuko- und erythropoetische Funktion

---

[1]) l. c.
[2]) l. c.
[3]) l. c.

besitzt. Ja man konnte sogar nachweisen, daß die Follikel durch das myeloische Gewebe der Pulpa zur Atrophie gebracht werden, und zwar schreitet die Atrophie von der Peripherie der Follikel nach deren Zentrum vor und schließlich verschwindet dieser lymphatische Apparat ganz vom Schauplatz.

In den Lymphdrüsen ist der leukopoetische Prozeß auf die Marksubstanz lokalisiert, und zwar im engsten Anschluß an erweiterte Gefäße. Wie in der Milz, so führt auch hier die Metaplasie zur Atrophie und schließlichem Schwund der Follikel. Im übrigen zeigen die Untersuchungen von S c h r i d d e und S w a r t bei Lues, Kinderanämien usw., daß perivasculäre Myelozyten- und Myeloblastenlager an allen möglichen Stellen im Körper auftreten können, wie ja auch normalerweise bei menschlichen Embryonen das myeloische Gewebe nicht auf einzelne wenige Organe beschränkt ist.

Da auch verschiedene embryonale Organe vom Menschen in den Bereich meiner Untersuchungen gezogen wurden, um der Histogenese der myeloischen Metaplasie auf die Spur zu kommen, so soll auch kurz auf die Verhältnisse der embryonalen Blutbildung eingegangen werden, soweit sie unser Thema berühren. Ich folge dabei im wesentlichen der Darstellung (Resultate der embryonalen Forschung bis zum Jahre 1907) in N a e g e l i s Lehrbuch und werde später auch die allerneuesten embryonalen Forschungsergebnisse von S c h r i d d e, L o b e n h o f f e r, M a r c i - n o w s k i, M a x i m o w und D a n t s c h a k o f f, sowie die einschlägige Arbeit von M. B. S c h m i d t (1892) zur Sprache bringen. Es wird sich in Berücksichtigung der eigenen Untersuchungen dann auch zeigen, inwieweit an der jetzt folgenden Darstellung Abänderungen vorzunehmen sind.

Die ersten Blutzellen, welche in Zirkulation geraten, sind die sogenannten „Bildungszellen" (Kölliker), d. h. hämoglobinfreie kernhaltige Zellen, welche aus den zentralen Elementen der mesodermalen Blutinseln abzuleiten sind, während die peripheren Zellen dieser Blutinseln sich zu Blutgefäßendothelien differenzieren. Durch Hämoglobinaufnahme entstehen dann später aus diesen Bildungszellen die Erythroblasten, während Leukozyten noch fehlen und auch Bildungszellen nicht mehr zu finden sind.

In der jüngsten Embryonalzeit ist die Erythropoese ganz generell auf die Blutsinus und Kapillaren lokalisiert und später zieht sie sich auf die Kapillaren der blutbildenden Organe zurück.

Beim menschlichen Embryo von $2\frac{1}{2}$ cm Länge herrscht in der Leber die ausgedehnteste Erythropoese, während Knochenmark, Milz und Lymphdrüsen noch vollständig fehlen. Die kernhaltigen Roten sind hauptsächlich vom megaloblastischen Typus und finden sich in der Leber in großer Zahl bis weit in die zweite Hälfte der Embryonalperiode hinein. Dann beginnt die Erythropoese langsam abzunehmen und ist am Ende des 10. Monats oder bald nachher erloschen.

Die Anlage der Milz ist beim menschlichen Embryo von 9 cm Länge als kleines rotes Pünktchen zu erkennen und bei 15 cm Fötuslänge findet man kleine erythropoetische Zellkomplexe in den erweiterten Pulpakapillaren. Bei 24 cm ist die Erythropoese sehr intensiv und beginnt nun wieder abzunehmen, um bei 30 cm nur noch unbedeutend zu sein und dann ganz langsam zu verschwinden.

Die Anlage des Knochenmarkes beginnt im 3. Embryonalmonat, indem nach S t ö h r [1]) osteoblastisches Gewebe, d. h. ein gefäßhaltiger Komplex von indifferenten Bindegewebszellen am Verkalkungspunkt in den Knorpel eindringt und die verkalkte Knorpelgrundsubstanz zum Zerfall bringt. So entsteht der primordiale Markraum, welcher also Blutgefäße und „primäres Knochenmark" enthält, d. h. verzweigte Bindegewebszellen, welche miteinander anastomosieren. Diese letzteren Eelemente differenzieren sich nach S t ö h r in Osteoblasten, und ein Teil behält seine Funktion als Reticulumzellen bei und bildet später in seinem Protoplasma Fibrillen, welche sich dann von den Zellen loslösen und das Stützgerüst des Knochenmarkes bilden; ein anderer Teil der verzweigten Bindegewebszellen wird zu Fettzellen. Unterdessen treten auch Leukozyten in steigender Menge auf, und damit ist das primäre zum sekundären oder „roten" Knochenmark geworden. Ob eine „sekundäre" Erythropoese, d. h. also eine Bildung von Erythrozyten als Parenchymfunktion in Thymus und Lymphdrüsen vorkommt, ist nach den bisherigen Untersuchungen zweifelhaft. Eine „primäre" Erythropoese hingegen, d. h. eine Entstehung von roten Blutkörperchen in den

---

[1]) S t ö h r , Lehrbuch der Histologie. 1906.

genannten Organen als Teilerscheinung einer generellen intrakapillären Bildung von Erythroblasten im ganzen Organismus,
scheint nach den bisher vorliegenden Beobachtungen nur ganz
kurze Zeit bei der ersten Anlage dieser Organe sich zu betätigen.

Was die embryonale Leukopoese betrifft, so ist der Termin
des ersten Auftretens von Leukozyten im Blute nicht bekannt.
Beim menschlichen Fötus von 6½ cm Länge, also vor Anlage
des Knochenmarkes, kann man bereits granulierte Leukozyten
im Blute finden. Wie N a e g e l i zuerst bewiesen hat besitzt die
m e n s c h l i c h e L e b e r schon bei einer Embryolänge von
2,7 cm, also vor Anlage von Knochenmark und Milz, erhebliche
leukopoetische Funktion.

Ein großer Teil ungranulierter Leukozytenvorstufen (meist
kleine Myeloblasten) liegt im Hepar intrakapillär; außerdem konstatiert man aber schon ganz beträchtliche perivaskuläre Myelo-
zyten- und Myeloblastenlager, und zwar schon bei einer Embryolänge von 2,7 cm. Intravaskulär fand man bisher nur ganz
vereinzelte Myelozyten.

Diese perivaskulären Myelozyten- und Myeloblastenaggregate
sind während früher Embryonalzeit im Körper sehr häufig an-
zutreffen und können unter pathologischen Verhältnissen (Lues
congenita) selbst in späteren Fötalperioden in gehäuftem Maße
auftreten. Normalerweise lokalisiert sich aber eine wesentliche
Myelopoese nach den bisherigen Beobachtungen nur auf Leber,
Milz und Knochenmark.

Die Milz zeigt von 9 cm Fötuslänge an eine nicht unerhebliche
Leukopoese in der Pulpa; bei 27—30 cm ist die letztere rein
myeloisch; danach geht die Bildung der Granulozyten wieder
zurück, ist aber beim Neugebornen oft noch nachzuweisen. Nach
der Meinung verschiedener Autoren, wie E b n e r , S t e r n b e r g ,
D o m i n i c i , K u r p j u w e i t u. a., soll selbst beim Erwachsenen in der Milzpulpa noch eine minimale Leuko- und
Erythropoese persistieren. Die Malpighischen Körperchen bestehen stets nur aus Lymphozyten. Das Knochenmark beginnt,
wie oben erwähnt, im 3. Embryonalmonat in Erscheinung zu
treten und demonstriert ebenfalls unverkennbar die perivaskuläre
Entstehung der myeloischen Formationen.

Im Parenchym der embryonalen Lymphdrüsen und Thymus
fehlen nach den bisherigen Untersuchungen myeloische For-

mationen, nur in Begleitung der Gefäße fand man perivaskuläre Myelozyten- und Myeloblastenlager.

Betreffs der Genese der Lymphdrüsen ließ sich nachweisen, daß dieselben beim Menschen vom 3. Embryonalmonat an auftreten und keine Keimzentren besitzen.

In der Milz erscheinen die lymphatischen Zellterritorien viel später als die myeloischen und treten als die sogenannten Malpighischen Follikel in Erscheinung. Wie in den Lymphdrüsenfollikeln, so fehlen auch in den Malpighischen Körperchen die Keimzentren in den frühen Entwicklungsstadien, und die konstituierenden Elemente sind Zellen von kleinerem Typus. Während der Embryonalzeit sollen Thymus, Lymphdrüsen und Milz nie große Lymphozyten beherbergen.

In der embryonalen Leber fehlen lymphatische Bildungen, und auch im embryonalen Knochenmark des Menschen sollen sie nicht vorkommen.

Gegen das Ende des Embryonallebens verschwinden die myeloischen Formationen normalerweise überall mit Ausnahme des Knochenmarkes, während im Gegensatz dazu die lymphatischen Bildungen einige Zeit nach der Geburt noch an Zahl und Umfang zunehmen.

Bevor ich nun auf die neuesten einschlägigen Resultate embryonaler Forschung eingehe, soll über die Ansichten von M. B. S c h m i d t [1]) ausführlicher berichtet werden, da dieselben neuerdings eine große Bedeutung gewonnen haben. Genannter Forscher fand in der embryonalen menschlichen Leber zellenreiche Herde in gleichmäßiger Verteilung in das Parenchym eingestreut, nur das interazinöse Bindegewebe wurde fast ausnahmslos frei von solchen Zellaggregaten befunden, nie fanden sich dort solche in Form umschriebener Knötchen. Obige Zellanhäufungen können durch Fortsätze netzartig miteinander in Verbindung treten. Ein Teil dieser Zellanhäufungen entpuppt sich als umschriebene Kapillarektasien, deren Inhalt (kernhaltige und kernlose rote und farblose Blutzellen) sich durch Ausschütteln entfernen läßt. Ein anderer Teil dieser Zellkomplexe, und zwar meist die kleineren

---

[1]) Prof. Dr. M. B. S c h m i d t , Über Blutzellenbildung in Leber und Milz unter normalen und pathologischen Verhältnissen. Z i e g l e r s Beitr. z. pathol. Anatomie usw. Bd. 11. 1892.

— sogenannte intrazelluläre — lassen sich durch Ausschütteln nicht entfernen und können entweder zwischen zwei Leberzellen eingefügt sein, oder auch nur im Protoplasma einer Leberzelle eingebettet liegen. Dieselben können den intrakapillären Zellherden direkt als Ausläufer aufsitzen oder auch scheinbar isoliert lokalisiert sein, indem die Verbindung mit der Kapillare außer der Schnittebene liegt. Diese sogenannten intrazellulären Zellanhäufungen sind meist maulbeerförmig mit buckeliger Kontur und nicht rund oder oval. Die Kapillarwand ist nicht bei allen intrakapillären Zellherden deutlich sichtbar; an solchen Stellen findet man dann an der Peripherie der Zellhaufen Zellen mit gestreckten platten Kernen, welche Endothelien darzustellen scheinen; deren Kerne sind bald bläschenförmig mit weitem Chromatingerüst, bald dunkel färbbar und sehr chromatinreich; letzteres immer an jenen Endothelien mit doppelten Kernen. Die gleichen zwei Endotheltypen finden sich an den außerhalb der Zellanhäufungen liegenden Kapillarstrecken. Für die Entstehung der Elemente dieser Zellaggregate in loco statt einer bloßen allmählichen Ablagerung aus dem Blutstrom spricht der Zustand der Kompression und Atrophie der umgebenden Leberzellen infolge lokaler Druckerhöhung, welch letztere nicht durch eine langsam vor sich gehende Anhäufung zugeführter Zellen zustande kommen kann.

Präparate von Tierembryonen ließen in den erwähnten Zellanhäufungen der Leber ebenfalls kernhaltige und kernlose rote und weiße Blutzellen erkennen, sowie freie Kerne (Erythroblastenkerne?) und reichliche endotheliale Mitosen mit verschiedenem Verlauf der Teilungsachse; häufige Mitosen fanden sich außerdem in den Zentralvenen und den nicht erweiterten portalen Kapillaren, sowie im Innern der Zellhaufen (jedoch hier nicht endothelialer Natur). An den Endothelien der v. central. und der größeren Äste der v. hepatica fanden sich nie Mitosen; hingegen wieder mitten zwischen den Gliedern eines Leberzellenbalkens fest eingeschlossen und nicht den Leberzellen angehörend. In den Zentralvenen finden sich mehr kernhaltige Elemente als in den interlobulären Pfortaderzweigen.

Diese Beobachtungen veranlaßten den Autor zu dem Schluß, daß in der embryonalen Leber weiße und rote Blutkörperchen entstehen und daß die Kapillarendothelien eine wichtige Rolle dabei spielen. Die weißen Blutzellen sind direkte Abkömmlinge der Endothelien und entstehen aus denselben durch mitotische Teilung, erhalten aber die Fähigkeit, sich aus sich selbst durch Teilung weiter zu vermehren. Die roten Blutkörperchen gehen aus den farblosen hervor und übernehmen trotz der Protoplasmaumwandlung dieselbe Fähigkeit der äquivalenten Teilung. Im Leberblut finden sich reichliche Übergangsformen zwischen farblosen und farbigen Blutkörperchen. Die Berechtigung der Übertragung des beim Fötus gefundenen Modus der Erythropoese auf das Extrauterinleben hält Autor für fraglich.

In Verbindung mit der „roten" Blutbildung aus Endothelien geht auch eine auf Ausbildung des vorhandenen Kapillarnetzes hinzielende Gefäßsprossung aus den vorhandenen Kapillarendothelien: dadurch, daß die Teilung einer Endothelzelle nicht nach dem Lumen zu, sondern in den angrenzenden Leberzellbalken hinein erfolgt, und die Tochterzellen sich durch Mitose weiter vermehren, wird in der vorher kompakten Leberinsel ein Zellherd etabliert, welcher sich nach Maßgabe seines Wachstums einen neuen Raum auf Kosten der Parenchymzellen schafft.

Außerdem nimmt also M. B. S c h m i d t eine von der Gefäßbildung unabhängige endotheliale Zellbildung im Innern fertiger Kapillaren an infolge Auftretens der nach dem Lumen zu gerichteten Teilungsfiguren an ausgebildeten Endothelien wegsamer Kapillaren und der Einlagerung von Zellherden in scharf begrenzte kugelige Kapillarektasien unter entsprechender gleichmäßiger Verdrängung der Leberzellen. Es wird also jederzeit ein Teil der neugebildeten Zellen stagnieren, unfähig sein, aus der blind endigenden Gefäßsprosse in den Kreislauf einzutreten; deshalb enthalten auch manche Zentralvenen sehr reichliche und andere sehr wenige kernhaltige Zellen. Vielleicht hängt nach der Vermutung des Autors das fast vollständige Fehlen junger Blutzellenherde bei manchen reifen oder der Reife nahen Früchten zusammen mit einem frühzeitigen Entwicklungsprozeß des Gefäßsystems.

Auch ein- und mehrkernige Riesenzellen fanden sich intraund extrakapillär in der embryonalen Leber und Verfasser vermutet, daß auch diese Elemente aus Kapillarendothelien entstehen und zwar durch Fragmentierung.

In der embryonalen Milz fand M. B. S c h m i d t Wuche-

rungsvorgänge an den Gefäßendothelien, welche das Maß der von
dem lokalen Gewebswachstum gestellten Ansprüche zu über-
schreiten scheinen, und welche er in Beziehung zur Blutbildung
in der Milz bringt. Als Ort der Blutbildung betrachtet der Autor
die weiten venösen Kapillaren der Pulpa. Der Befund von zahlreichen Endothelmitosen an den kapillaren Pulpavenen der Mäuse-
milz mit nach dem Lumen zu gerichteter Teilungsachse scheint
dafür zu sprechen, daß diese endothelialen Zellvermehrungen
nicht bloß im Dienste lokalen Gewebswachstums stehen. Diese
Bilder geben der Vermutung Raum, daß die mitotisch sich ver-
mehrenden Zellen im Lumen der Milzvenenäste, sowie die dem
Blute sich beimischenden Erythrozyten auf diese Endothelwucherung und nicht nur auf eine Proliferation eingeschwemmter
oder aus der Pulpa eingetretener Elemente zurückzuführen sind.
Große Ähnlichkeit mit der embryonalen Leber besitzt nach
M. B. S c h m i d t s Untersuchungen die leukämische Leber,
und diese Ähnlichkeit scheint ihm in einer Rückkehr zur embryonalen hämatopoetischen Funktion begründet zu sein. Der Autor
fand folgende Veränderungen in der leukämischen Leber:

1. Anhäufungen von Rundzellen in diffuser Verteilung, oder
   in Form umschriebener Knötchen in der Glissonschen
   Kapsel mit mitotischen Kernteilungsfiguren.
2. Mit Leukozyten in wechselndem Grade vollgestopfte portale
   Kapillaren.

In einem Falle R e c k l i n g h a u s e n s [1]) ließen sich die
lymphatischen Zellanhäufungen in der Leber und ganz besonders
in der Glissonschen Kapsel, sowie auch die von hier aus zwischen
die peripheren Leberzellbalken sich einschiebenden Ausläufer
durch Auspinseln nicht entfernen, im Gegensatz zu den aus dem
Blutstrom angestauten Leukozyten.

Ein Teil der leukämischen Lebern zeigt eine gleichmäßige
und allgemeine Erweiterung der Pfortaderkapillaren, und ein
anderer Teil läßt eine ungleichmäßige Dilatation der Kapillaren
erkennen, d. h. Bezirke mit engen Kapillaren und Bezirke mit
gleichmäßiger Verbreiterung derselben und in beiden Territorien
mehr oder weniger zahlreiche zirkumskripte kugelige Ektasien

---

[1]) Zitiert nach M. B. S c h m i d t.

einzelner Kapillaren, welche ausschließlich mit kernhaltigen Zellen vollgepfropft sind. Die diese Kapillarektasien umfassenden Leberzellen sind komprimiert und abgeplattet, manche Leberzellenbalken sogar bis auf eine einfache Membran reduziert. Die erwähnten umschriebenen Kapillardilatationen lassen ein weitmaschiges Gitterwerk erkennen und als Inhalt zahlreiche kernhaltige Zellen, welche im einzelnen Herd eine gleichmäßige Beschaffenheit besitzen können.

Diese Bilder erinnern an die embryonale Leber und weisen ebenfalls auf aktive Vorgänge an den Kapillarendothelien hin. Das Fehlen von Erythrozyten in solchen umschriebenen Kapillarektasien, sowie der Umstand, daß einer allmählichen Ablagerung von Leukozyten aus dem Blutstrom durch die vitale Energie der Leberzellen eine Grenze gesetzt würde, bevor es zur Dilatation der Kapillaren und Kompression und Atrophie der umgebenden Leberzellen käme, sprechen für eine Zellwucherung in loco. Dieselbe hat notwendigerweise eine lokale Druckerhöhung zur Folge, welche die Ausdehnung der intrakapillären Herde auf Kosten des eigentlichen Lebergewebes ermöglicht. Für die Auffassung der Zellwucherung in loco spricht vielleicht nach M. B. S c h m i d t auch die Zusammensetzung vieler solcher Herde aus gleichartigen Zellen. Die Endothelien der Pfortaderkapillaren sind weit nach dem Lumen zu prominent und enthalten nicht selten zwei gleich große getrennte Kerne, und der Autor vermutet deshalb auf Grund der angeführten Tatsachen eine intraazinöse, von den Kapillarendothelien ausgehende Blutbildung, und zwar werden auch Erythroblasten und Riesenzellen von denselben abgeleitet. Die letzteren liegen nicht selten in einer ihrem Umfang sich eng anschmiegenden Kapillarektasie, während vor und hinter ihnen das Strombett viel enger ist; diese Tatsache wird für die autochthone Genese und gegen die Einschwemmungstheorie ins Feld geführt.

In der leukämischen Milz findet sich an den Endothelien der kapillaren Pulpavenen nicht selten eine buckelförmige Vorbuchtung nach dem Lumen zu. Durch dieses Faktum wird man auf die von v. R e c k l i n g h a u s e n angedeutete Vermutung hingewiesen, daß ein Zusammenhang zwischen Endothelproliferation und Neubildung weißer Blutkörperchen besteht. Kernteilungsbilder konnten nicht gefunden werden.

In den kapillaren Pulpavenen indurativer leukämischer Milztumoren finden sich massenhaft lymphoide Zellen, welche den häufig stark prominenten Endothelien vollständig gleichen. Die Gleichartigkeit der Zellformen in den genannten Gefäßen, die morphologische Übereinstimmung derselben mit den prominenten Kapillarendothelien und endlich die dichte intrakapilläre Lagerung in epithelähnlicher Anordnung sprechen nach M. B. S c h m i d t für eine lokale Entstehung der betreffenden Blutzellen innerhalb der Gefäße und aus deren Endothelien.

Um die Blutbildung in den allerersten embryonalen Stadien zu verfolgen und zugleich die Beziehungen der Blutzellen zu den Gefäßendothelien und zum Bindegewebe näher kennen zu lernen, soll auf die Arbeit von K. M a r c i n o w s k i [1]) aus dem vergleichend-anatomisch-zoologischen Institut der Universität Zürich (Prof. Dr. A. L a n g) ausführlicher eingegangen werden.

In diesen Untersuchungen wird der Nachweis geleistet, daß das Endothel der Blutgefäße, die Blutzellen und das Bindegewebe vom sekundären (mesoblastischen) Mesenchym abstammen. Für die Endothelien kommt vielleicht auch ektoblastisches Mesenchym als Ursprungsstätte in Betracht. Die Bildung der Endothelien kann erfolgen:

1. aus zwei lokalisierten Anlagen, welche in ihrer Lage der Gegend des dorsalen Mesenteriums (sklerotomaler Bezirk) und des ventralen Mesenteriums (medioventraler Mesoblastbezirk) entsprechen;
2. aus diffus austretenden Wanderzellen;
3. im Bindegewebe.

Alle großen Gefäßstämme der ersten Stadien entstehen in loco und isoliert und treten erst sekundär miteinander in Verbindung.

ad 1. Aus der medioventralen Mesenchymbildungszone des Mesoblast entstehen die Endokardzellen und die Endothelien der Dotterdarmvenen, wobei die mesenchymalen Bildungszellen der letzteren eine Wanderung um den ganzen Umfang des Darmes

---

[1]) K. M a r c i n o w s k i , Zur Entstehung der Gefäßendothelien und des Blutes bei Amphibien. Inaug.-Diss. 1906.

ausführen müssen, und deshalb eine Ausnahme von dem Prinzip der lokalen Genese machen.

Von der Grenzstelle zwischen segmentiertem und unsegmentiertem Mesoblast, welche der Unterfläche des späteren Sklerotoms entspricht, geht die Bildung innerer und äußerer sklerotomaler Wanderzellen aus. Erstere dienen vermutlich zur Bildung der Vornierengefäße und letztere zur Formation des Duct. Cuvieri in Gemeinschaft mit den diffus austretenden Wanderzellen. Aus dem eigentlichen differenzierten Sklerotom entstehen in dessen medialer Partie Aorta und Vornierengefäße isoliert, und treten erst sekundär miteinander in Verbindung. Die Bildungszellen der Aorta haben bereits ausgesprochenen Bindegewebscharakter.

Im kompakten lateralen Sklerotombezirk hingegen entstehen in Form zweier Lückenräume die Vena jugularis und Vena cardinalis posterior.

ad 2. Hier handelt es sich um Endothelbildung aus Zellen, welche durch ihr durchaus vereinzeltes diffuses Austreten aus dem Mesoblast charakterisiert sind und völlig frei zwischen den übrigen Organanlagen liegen. An der Bildung von Wanderzellen sind sowohl Mesoblast als Ektoblast beteiligt. Es werden zwei Arten von Wanderzellen unterschieden:

a) innere Wanderzellen, welche zwischen Darmwand und Mesoblast liegen;

b) äußere Wanderzellen (zwischen Mesoblast und Körperepithel).

Diese letzteren liefern höchstwahrscheinlich auch einen Teil des Körperbindegewebes. Die äußeren Wanderzellen von ektodermaler Herkunft können von der Gefäßbildung nicht ausgeschlossen werden.

ad 3. Die peripheren Gefäße, d. h. solche, welche außerhalb aller Beziehungen zu lokalisierten Bildungszentren entstehen, wie z. B. die Art. carotis, entstehen in loco im embryonalen Bindegewebe zu einer Zeit, wo das Mesenchym bereits eine sehr deutlich bindegewebige Differenzierung besitzt, und die Bindegewebszellen vermittels ihrer langen feinen und zahlreichen Fortsätze wahrscheinlich schon ein geschlossenes Netzwerk bilden. Die Arterien sind nichts anderes als Lücken im Bindegewebe, deren Wandzellen sich zu Endothelien differenzieren; eine scharfe Grenze zwischen der sich herausdifferenzierenden Endothelwand und dem umgebenden Bindegewebe besteht nicht, und auch beim erwachsenen Tier ist die Adventitia gegen das umgebende Bindegewebe nirgends scharf abgegrenzt. Das Wachstum aller dieser isoliert entstehenden Gefäße geht in erster Linie durch Anlagerung mesenchymatöser Elemente an die freien Enden vor sich, respektive durch Hineinbeziehung weiterer Bindegewebsteile von diesen Enden aus. Diese Art der Gefäßbildung ist die bei weitem wesentlichste. Mitosen an differenzierten Endothelzellen kommen vor, sind aber selten.

Bei ihrer ersten Anlage sind die Gefäße entweder solid und beim ersten Auftreten eines Lumens gegen alle andern Körperhohlräume abgeschlossen, oder sie sind bei ihrer ersten Anlage gegen den Lückenraum (Schizocoel) zwischen den Mesenchym- oder Bindegewebszellen offen. Die verschiedenen Bildungsmodi sind auf den Einfluß lokaler verschiedener Entwicklungsbedingungen zurückzuführen; ein prinzipieller morphologischer Wert kommt ihnen also nicht zu. Das Endothelsystem steht zu der Zeit, da die Blutkörperchen in Zirkulation gelangen, mit dem Lückenraum im Körperbindegewebe, dem Schizocoel, in offener Kommunikation und ist phylogenetisch aus einem bindegewebig begrenzten Lakunensystem entstanden zu denken, dessen physiologisch wichtigster und darum auch am frühesten besonders differenzierter Teil in der Umgebung des Darmes lag.

Hinsichtlich der Genese der Blutkörperchen konnte Autor folgendes feststellen:

Die erste Anlage der Blutinsel ist eine Verdickung des freien Randes der Seitenplatten in der Gegend des 4. Somiten (Siredon) und zeigt sich bei einem Embryo von 14—15 Somiten. Der ganze zur Blutbildung in Beziehung stehende Bezirk ist als der hintere Abschnitt der ventromedialen Mesenchymbildungszone des Mesoblasts aufzufassen. Der kraniale Teil dieser Zone liefert nur Endothelien und der kaudale Abschnitt im wesentlichen Blutkörperchen, weil eben in der Gegend des kaudalen Teils die größte Ansammlung von Dotter besteht und die Blutkörperchen an der Resorption desselben stark beteiligt sind. Behufs Resorption dieses Dotters nun, beginnt die Blutinsel sich in den Entoblast einzulagern und schließlich hängt dieselbe nur noch durch einen Stiel an der Seitenplatte, welcher leicht zerreißen kann. Nun beginnt eine starke Zellwucherung in der Blutinsel. Letztere Gebilde liefern außer den Blutkörperchen das Endothel der in der Darm- und Leberregion zu dieser Zeit entstehenden Gefäße (Seitenäste der Dotterdarmvenen) durch Auftreten von Lückenräumen in der Zellmasse der Blutinsel. Die zellulären Elemente der letzteren beginnen sich nun auch zu lockern, und in Zusammenhang damit tritt periviszerale Flüssigkeit auf, in welcher die frei werdenden Zellen flottieren. Bald entwickelt sich zwischen Darm und viszeralem Mesoblast ein reichlich ausgebildetes Lakunennetz, welches aus den zuführenden Gefäßen der Dotterdarmvenen hervorgegangen ist. Die Endothelauskleidung dieser Sinusse ist keine vollständige, zwischen den Fortsätzen der Wandzellen bleiben Lücken frei, es handelt sich um ein Pseudoendothel. Ziemlich häufig finden sich auch Blutinselzellen außerhalb der Sinus zwischen Mesoblast und Körperepithel. Es wird auch jene Ansicht widerlegt, welche lehrt, daß die oberflächlichen Zellen der Blutinseln sich zu Endothelien und die tiefer gelegenen sich zu Blutkörperchen differenzieren. Die jungen Blutinselzellen sind nicht in eine Endothelkapsel eingeschlossen, die sich dann später erweitert und an andern Endothelien Anschluß findet, sondern die frei werdenden Blutinselzellen gelangen in den Darmsinus, welcher nur eine unvollständige pseudoendotheliale Auskleidung besitzt. Die frei gewordenen, in der periintestinalen Flüssigkeit des Sinus flottierenden Zellen sind noch keine Blutzellen, sondern indifferente Blutinselzellen, welche sowohl zu Blutzellen als zu Endothelien werden können. Histologisch stimmen also Blutzellen und Wandungszellen überein.

Während der ganzen Zeit des Wachstums und der Differenzierung der Blutinsel wandern einzelne Zellen (Wanderzellen) aus derselben aus und gehen mit in den Bestand des embryonalen Bindegewebes ein. Bei Embryonen von 31—32 Somiten sind sämtliche Elemente der Blutinsel frei geworden, ein geschlossenes Endothelsystem existiert aber auch jetzt noch nicht, und man kann die nun schon spezieller differenzierten Blutkörperchen noch außerhalb der Gefäßbahn frei im Bindegewebe finden.

Die indifferenten Blutinselzellen können sich also nach drei Richtungen differenzieren: nämlich zu Endothelzellen, zu Blutkörperchen und zu Bindegewebszellen.

Obschon diese Tatsache von K. Marcinowski nur an
Amphibien erhoben wurde und deshalb gegenüber einer Übertragung auf menschliche Verhältnisse Bedenken geltend gemacht
werden könnten, möchte ich doch der Meinung Ausdruck geben,
das obiges Faktum möglicherweise berufen ist, einen nicht un-
bedeutenden Beitrag zur Erklärung myeloisch metaplastischer
Prozesse zu liefern.

Da die Annahme berechtigt ist, daß junge Bindegewebszellen, welche sich teilen, ihre Fortsätze einziehen, so ist dem
Nachweis einer an sich nicht unwahrscheinlichen diffusen Blutbildung zurzeit ein unüberwindliches Hindernis in den Weg gelegt;
denn eine solche runde Zelle konnte von einer werdenden Blut-
zelle nicht unterschieden werden.

Die „primären Wanderzellen" Saxers [1]) (gemeinsame
Stammform der roten und farblosen Blutkörperchen) hält
K. Marcinowski für noch wenig differenzierte Blutzellen,
welche aus der Zeit eines noch teilweise lakunären Blutgefäß-
systems im Bindegewebe zurückgeblieben sind und sich daselbst
überall finden.

Auf die einschlägigen Untersuchungen von Goette,
Rabl, Brachet, Schwink, Blaschek, Marshall,
Rudnew, Salensky, Sampson, Houssay u. a.
einzugehen, fehlt es an Raum und Zeit, abgesehen davon, daß
dieselben durch die Arbeit Marcinowskis überholt sind.

W. Dantschakoff [2]) leitet bei Hühnerembryonen alle
Blutbestandteile in letzter Instanz von den Mesoblast- bzw.
Mesenchymzellen ab. Im vorderen Teil der Area vasculosa bildet
der Mesoblast leere Gefäßräume und selbständige, runde, amöboide,
histiogene Wanderzellen zwischen den letzteren. In den seitlichen
und hinteren Partien des Gefäßhofs bildet das Mesoderm dichte,
bald größere, bald kleinere Zellgruppen, sogenannte Blutinseln.
An der Peripherie derselben entsteht eine einschichtige dünne
Endothelmembran mit zellreichem Inhalt, und so entstehen die
netzförmig verbundenen Gefäße. Einzelne Blutinseln bleiben
zwischen den neugebildeten Gefäßen im Gewebe liegen, deren

---

[1]) Zitiert nach K. Marcinowski.
[2]) Dr. W. Dantschakoff, Über das erste Auftreten der Blutelemente im Hühner-Embryo. Fol. haem., IV. Jahrg. Suppl. Nr. 2.

Zellen verhalten sich am Anfang indentisch mit den intravaskulären. Die in den Blutinseln zusammengedrängten Zellen fangen
dann allmählich an, sich zu lockern und bald finden sich intra-
und extravaskulär überall zerstreute Zellen, welche alle einander
gleich sind und in ihrem Habitus den sogenannten Lymphozyten
entsprechen. Diese „Lymphozyten" sind die primitiven Blutzellen,
welch letzterer Name eigentlich nur für die allerfrühesten Stadien
paßt; sobald sich aber die Blutinseln in einzelne Elemente auflösen, bekommen diese Zellen genau das Aussehen von „echten
Lymphozyten", nur liefern sie weniger vollkommene Erythro-
blasten- und Erythrozytenformen als die späteren Lymphozyten.
In den folgenden Stadien, wo noch keine großen Gefäße, sondern
noch ein gleichmäßiges Gefäßnetz vorhanden ist, verwandeln sich
die extravaskulären Lymphozyten in Abhängigkeit von den äußeren
Existenzbedingungen in granulierte Leukozyten, welche sich dann
weiter selbständig entwickeln.

Die intravaskulären Lymphozyten behalten zum Teil den
Lymphozytenhabitus bei und der andere Teil liefert unter steter
Wucherung die verschiedenen Formen der Erythroblasten und
Erythrozyten. Im zirkulierenden Blute des Körpers des Embryo
schreitet die im Dottersack angebahnte Erythrozytenentwicklung
fort und da im Körper nur sehr spärliche Lymphozyten neu gebildet werden, die aus dem Dottersack eingeschwemmten Elemente aber fortwährend sich in rote Blutzellen verwandeln, so
zirkulieren in den Gefäßen des Körpers hauptsächlich nur Erythrozyten. Am Ende des dritten Tages entstehen an der ventralen
Seite der zweischichtigen unpaaren Aorta durch starke Endothelwucherung „echte größere Lymphozyten", von denen ein Teil
durch Hämoglobinaufnahme zu Erythroblasten wird, während
die andern als wirkliche „lymphozytenähnliche" Wanderzellen
durch die Aortenwand ins Gewebe wandern. Zu dieser Zeit
kann eigentlich das ganze Mesenchym als blutbildendes Organ
betrachtet werden. Aber auch aus den gewöhnlichen Mesenchymzellen und den Gefäßendothelien kleinerer Gefäße entstehen
Wanderzellen von Lymphozytencharakter. Es können also
Lymphozyten sich in histiogene Wanderzellen verwandeln und
vielleicht auch umgekehrt. Es ist demnach eine vollständige
Analogie zwischen der ersten Blutbildung innerhalb und außerhalb des embryonalen Körpers anzunehmen und die Lympho-

zyten werden als die Stammzelle aller Blutelemente betrachtet.

A. M a x i m o w [1]) kann auf Grund seiner Untersuchungen an Säugetierembryonen (Kaninchen) die bisherige Ansicht nicht teilen, daß die mesodermalen Blutinselzellen sich bloß zu Endothelien und Erythroblasten differenzieren sollen, welch letztere dann lange Zeit allein im Blute zirkulieren. Er weist nach, daß die ersten Leukozyten zu gleicher Zeit und aus denselben Zellen wie die ersten Erythrozyten entstehen, und zwar ebenfalls intravaskulär in der Area vasculosa, außerhalb des Körpers.

In den frühesten Stadien (8—8¾ Tage) vermehren sich die einander gleichartigen Zellen der Blutinseln durch Mitose und durch Freiwerden von Endothelzellen, welche vorher anschwellen und sich abrunden und dann in das Lumen gelangen. Dieser Vorgang hört aber in der Area opaca bald auf. Diese hämoglobinlosen Zellen — sogenannte primitive Blutzellen — differenzieren sich nun in der Area vasculosa in primitive Erythrozyten [2]) und große Lymphozyten. Bei Beginn der Blutzirkulation gelangen die „primitiven Blutzellen" in den Blutstrom und sind in allen Gefäßen des Körpers zu finden. Später (10—11 Tage) findet man auch primitive Erythrozyten und Lymphozyten im zirkulierenden Blut, letztere jedoch viel seltener als in der Area vaculosa, werden aber auch bald zahlreicher und bilden später oft kleine intravaskuläre Blutbildungsherde.

Während der Entwicklung der Blutinseln runden sich auch viele Endothelzellen der primären Gefäße ab und verwandeln sich in sogenannte primitive Blutzellen. Dieser Prozeß hört aber in der Area vasculosa bald auf und verbreitet sich hingegen an der Gefäßwand in der Richtung nach dem Körper zu weiter: so lassen die Dottersackarterien, die ventrale Seite der Aortenwand und das Herzendothel (9—11 Tage) in ihrem kaudalen Abschnitte eine intensive Endothelwucherung erkennen, wobei jedoch keine primitiven Blutzellen, sondern echte große Lymphozyten entstehen.

---

[1]) Prof. Dr. A. M a x i m o w , Über die Entwicklung der Blut- und Bindegewebszellen beim Säugetierembryo. Fol. haem., IV. Jahrg. Nr. 5, Juli 1907.

[2]) Wohl richtiger Erythroblasten.

Als erstes blutbildendes Organ erscheint also die aus der Area vasculosa sich herleitende Dottersackwand bzw. deren Gefäße.

Aus den Tochterzellen der wuchernden Lymphozyten entstehen dann fast hämoglobinlose amblychromatische Megaloblasten und aus den Nachkommen der letzteren trachychromatische Normoblasten. Aus den primitiven Blutzellen entwickeln sich in den Dottersackgefäßen große, runde, mehrkernige Riesenzellen und erst später bilden sich typische Megakaryozyten aus den Lymphozyten. Granulierte polymorphkernige Leukozyten werden im Dottersack fast gar nicht produziert.

Hinsichtlich der Leber nimmt der Autor an, daß aus den zwischen Leberzellen und Gefäßendothelien liegen bleibenden Mesenchymzellen „große Lymphozyten" extravaskulär entstehen, aus welchen sich dann sämtliche myeloischen Zellspezies entwickeln; die Erythrozyten gelangen dann durch Auflockerung der Endothelwand in das Blut.

Betreffs der Thymus berichtet der Autor, daß kleine histiogene Wanderzellen vornehmlich endothelialer und perithelialer Herkunft in der Umgebung der noch rein epithelialen Thymusläppchen im Mesenchym entstehen. Dieselben dringen in das Epithel ein, verwandeln sich in „große Lymphozyten", vermehren sich und drängen dadurch das Epithel, besonders in der Rinde, ganz zurück. Schließlich resultieren zahlreiche kleine Lymphozyten, welche Maximow als „echte" Lymphozyten anspricht. Dieselben sollen mit den gleichzeitig vorhandenen Erythroblasten und Myelozyten ins umgebende Bindegewebe austreten.

Beim Knochenmark läßt der Autor die ersten Blutzellen extravaskulär aus indifferenten Mesenchymzellen (perichondrale) entstehen, d. h. also zuerst Osteoblasten, Osteoklasten und histiogene Wanderzellen. Aus letzteren bilden sich „große Lymphozyten" und aus diesen myeloische Elemente und kleine Lymphozyten.

Die Entstehung von Lymphknoten erklärt Maximow dadurch, daß im Anschluß an das Auftreten von breiten dünnwandigen Lymphräumen, in deren Umgebung aus fixen indifferenten Mesenchymzellen direkt Lymphozyten entstehen oder indem sich aus ersteren zuerst histiogene Wanderzellen bilden. Ein Teil der Lymphozyten soll sich dann zu Erythroblasten, Myelozyten und Leukozyten differenzieren.

Das prinzipiell Wichtige an den Untersuchungen von
M a x i m o w und D a n t s c h a k o f f ist, daß schon im embryonalen Leben ein Kausalnexus zwischen Blutbildung und Gefäß-
endothelwucherung als möglich erscheint.

Hinsichtlich der vielseitigen Verwendung des Begriffes
Lymphozyt bestehen allerdings gewisse Bedenken, und ist es sehr
fraglich, ob man berechtigt sei, sämtliche lymphozytenähnlichen
Zellen kurzweg als große oder kleine Lymphozyten zu bezeichnen.
Die seit V i r c h o w übliche Bezeichnung Lymphozyt betrifft
eben nur die Zelle des normalen Blutes, welche nach heutigen
Anschauungen wenigstens jeder weiteren Umwandlung unfähig ist.

In neuester Zeit hat H. S c h r i d d e in seinen bahnbrechen-
den Untersuchungen das Problem der menschlichen embryonalen
Blutbildung dem Verständnis näher gebracht und die dabei
gewonnenen Ergebnisse auf die Frage der Histogenese der
myeloisch-leukämischen Zellwucherungen anzuwenden versucht [1]).
In den allerersten Zeiten des embryonalen Lebens (1—9 mm
Embryolänge) fand der Autor in den Buträumen, welche zuerst
im Dottersack, dann im Bauchstiel und schließlich im Embryo
selbst sich bilden, nur hämoglobinhaltige E h r l i c h sche Megaloblasten, und zwar immer intravaskulär. Dieselben werden von den
Gefäß-Wandzellen, d. h. spindligen Wandelementen der oben erwähnten Bluträume, ausgebildet, gehen als solche zugrunde und
lassen keine Erythrozyten aus sich hervorgehen. In diesem
Stadium läßt sich weder im Dottersack noch im Embryo eine
extravaskuläre Entstehung von Blutelementen konstatieren.
Die E h r l i c h schen Megaloblasten bezeichnet Autor als primäre
Erythroblasten und faßt sie als Schwesterzellen der postembryo-
nalen Erythroblasten (sekundäre Erythroblasten) auf. Von 12 mm
Embryolänge an erscheinen, allein in der Leber und ausschließlich
extravaskulär, Myeloblasten, sekundäre basophile Erythroblasten
und Riesenzellen. Die Leberzellen selbst sind bis zu diesem
Stadium (12 mm) zu einem regellosen Balkensystem zusammen-
gefügt und den einzelnen Trabekeln liegen die Gefäß-Wandzellen

[1]) Dr. H. S c h r i d d e , Die Entstehung der ersten embryonalen
Blutzellen des Menschen. Fol. Haem., IV. Jahrg. Suppl. Nr. 2. 1907.
Naturforschende Ges. in Freiburg i. B., Deutsche med. Wochenschr. 1908.
Nr. 3. Ders., Über die Histogenese der myeloischen Leukämie; Münch.
med. Wochenschr. 1908. Nr. 20.

ohne jede weitere Vermittlung direkt an und begrenzen noch oft sehr weite Bluträume. Von 12 mm Embryolänge an finden sich die drei eben erwähnten Blutzellenspezies zwischen Gefäß-Wandzellen und Leberzellen gelagert. Außerhalb der Leber sind diese myeloischen Elemente nirgends zu finden und müssen demnach intrahepatischen Ursprung haben, und zwar hält S c h r i d d e die Gefäßwandzellen für ihre Mutterzellen; eine Entstehung aus Mesenchymelementen will er nicht zugeben, da in diesen Stadien keine Mesenchymzellen in der Leber vorkommen sollen. Echte Lymphozyten fehlen noch und treten erst viel später auf und an andern Orten.

Die Myeloblasten, sekundären Erythroblasten und Megakaryozyten liegen in kleineren oder größeren Nestern beisammen, welche nur allein aus gleichen Zellen ein und derselben Klasse bestehen. Es besitzt also die embryonale Gefäß-Wandzelle die Potenz, drei verschieden differenzierte Zellreihen aus sich heraus entstehen zu lassen.

Die Bildung der primären Erythroblasten kann nach S c h r i d d e einmal durch H e t e r o p l a s i e erklärt werden, d. h. durch Entwicklung aus undifferenziert gebliebenen Gefäß-Wandzellen, welche in den Gefäßen vorhanden sind.

Eine zweite Möglichkeit der Bildung E h r l i c h scher Megaloblasten liegt in der Annahme einer i n d i r e k t e n M e t a p l a s i e , wobei sich eine Gefäßendothelzelle zu einem Stadium entdifferenziert, welches dem der Gefäß-Wandzelle entspricht; aus dieser können dann direkt wieder primäre Erythroblasten hervorgehen.

Auch im fötalen Knochenmark hat nach S c h r i d d e zuerst die Bildung von kapillarähnlichen Bluträumen, „Endothelröhren", statt, um welche herum das myeloische Parenchym (Myeloblasten, Megakaryozyten und sek. Erythroblasten) entsteht, und zwar aus Gefäß-Wandzellen.

Derselbe Bildungsmodus findet sich auch in der Milz, in den Lymphknoten und im perivaskulären Gewebe des Embryo überhaupt, denn fast überall kann man in den embryonalen Geweben zu gewissen Zeiten um Bluträume gruppierte Blutbildungsherde beobachten. Betreffs der Frage der gemeinsamen Stammzelle des myeloischen und lymphatischen Systems erwähnt der Autor, daß sich das lymphatische Gewebe (die Lymphknötchen) nicht um Bluträume, sondern um schon vorher angelegte Lymphräume herum entwickle. Kommen im lymphatischen Gewebe myeloische Zellen vor, so seien sie eben von Blutgefäß-Wandzellen gebildet. Aus diesem Grunde finden sich im embryonalen Lymphknoten Myeloblasten, Myelozyten und Riesenzellen nur dort, wo die Blutgefäße eintreten, also in der Marksubstanz, niemals aber in den Lymphfollikeln.

Deshalb hält Autor das lymphatische und myeloische Gewebe für zwei gänzlich verschiedene und auch gänzlich different entstehende Parenchyme. Ob die im Embryonalleben zuerst entstehenden kleinen Lymphozyten sich aus den Wandzellen der Lymphräume herleiten, ist noch nicht zu entscheiden, doch ist dies nach den R i b b e r t schen [1]) Untersuchungen wahrscheinlich.

S c h r i d d e kommt nun auf der Basis der Anschauungen von M. B. S c h m i d t und L o b e n h o f f e r , welche fanden, daß die Kapillarendothelien auch beim erwachsenen Menschen bei Funktionsuntüchtigkeit des Knochenmarkes die Fähigkeit besitzen, sämtliche myeloischen Zelltypen zu bilden, zu folgender Auffassung über die Histogenese der myeloisch-leukämischen Zellwucherungen:

Er nimmt an, daß die Endothelien sämtlicher Blutkapillaren als Nachkommen der embryonalen Gefäß -Wandzellen zu allen Zeiten des postfötalen Lebens blutzellenbildende Potenz besitzen.

Diese Kapillarendothelien entfalten bei Zerstörung des Knochenmarkes, bei Anämien und myeloischer Leukämie ihre ihnen ursprünglich zukommende Differenzierungsfähigkeit. Allerdings wird bei der myeloischen Leukämie nicht selten eine einseitige Differenzierungsrichtung eingeschlagen, wofür eine Erklärung noch aussteht. Der Autor betont auch in Übereinstimmung mit M. B. S c h m i d t und E. M e y e r und H e i n e k e die Ähnlichkeit der histologischen Bilder in der leukämischen und in der fötalen Leber der letzten Monate.

S c h r i d d e will ferner die Möglichkeit nicht ganz außer acht lassen, daß zu den leukämischen Zellwucherungen vielleicht auch von der Embryonalzeit her in den Geweben erhalten ge-

---

[1]) R i b b e r t , Über Regeneration und Entzündung der Lymphdrüsen. Z i e g l e r s Beiträge, Bd. 6. 1889.

bliebene Myeloblasten und Myelozyten beitragen, doch wäre damit die pathologische postfötale Blutbildung in der Leber, sowie das Vorkommen von Riesenzellen und kernhaltigen Roten noch nicht erklärt.

Der Autor läßt ferner die Frage offen, ob nicht bei der Aussprossung der embryonalen Bluträume Gefäß-Wandzellen bei der nach und nach sich entwickelnden Gefäß-Wandbildung in das adventitielle Gewebe verschoben werden können. Dieser Vorgang könnte eine Stütze für die Ansichten von M a r c h a n d und N a e g e l i abgeben, wonach adventitielle Elemente hämatopoetische Fähigkeit besitzen.

Auch bei der Entstehung myeloisch-leukämischen Knochenmarkes aus Fettmark hält der Autor die Abstammung der myeloischen Parenchymzellen aus Kapillarendothelien für das wahrscheinlichste.

S c h r i d d e nimmt nun an, daß unter den Gefäßendothelien undifferenzierte embryonale Elemente (Wandzellen) das ganze Leben hindurch erhalten bleiben können, und diesen vindiziert er die Potenz, myeloische Zellen zu bilden. Diesen Modus bezeichnet Autor als H e t e r o p l a s i e, wobei sich also aus undifferenziert erhalten gebliebenen Elementen Zellen entwickeln, welche für den extrauterinen Standort heterotyp sind.

Anderseits könnte aber von den differenzierten Endothelzellen der Weg der i n d i r e k t e n M e t a p l a s i e beschritten werden behufs Produktion myeloischen Gewebes. Er würde sich in diesem Fall eine differenzierte Endothelzelle durch endliche Aufgabe ihrer spezifischen Attribute zu einer Form zurückbilden, welcher die Differenzierungspotenzen der Stammzelle, also der Gefäß-Wandzelle, wieder zufallen.

W. L o b e n h o f f e r [1]) erwähnt zu Eingang seiner Untersuchungen, daß S c h r i d d e [2]) den Befund extravaskulärer Blutbildung in der Leber bei angeborener Lymphozytämie und kongenitaler Lues mit kaum angedeuteter Erythropoese im periportalen Gewebe erhoben habe.

---

[1]) Dr. W. L o b e n h o f f e r, Über extravaskuläre Erythropoese in der Leber unter pathologischen und normalen Verhältnissen. Z i e g l e r s Beiträge, Bd. 43. 1908.

[2]) Dr. H. S c h r i d d e, Verhandlungen der Deutschen Patholog. Ges. in Meran. 1905.

Auch S w a r t [1]) hat die extrakapilläre Lage der Erythroblasten in der Leber betont.

N e u m a n n [2]) hatte schon anno 1874 Beweise für extrakapilläre Erythropoese im Hepar beigebracht und letztere auch in genetische Beziehung zur Gefäßwand der bestehenden Blutbahnen gesetzt.

V a n d e r S t r i c h t [3]) fand bei der Kaninchenleber den Prozeß der Blutbildung in Ausbuchtungen der Gefäße vor sich gehen.

S a x e r [4]) stellt sich auf den Standpunkt der extravaskulären Genese der ersten Blutbildungsherde in der Leber. Er ist der Ansicht, daß „primäre Wanderzellen" (nach L o b e n h o f f e r Myeloblasten) in die Leber eindringen und dort blutbildende Funktion ausüben. Die sogenannten „Übergangszellen 1. Ordnung" (nach L o b e n h o f f e r Erythroblasten) sollen das Ruhestadium der primären Wanderzellen repräsentieren und durch mitotische Teilung Erythroblasten bilden, welche sich wiederum durch Mitose vermehren.

L o b e n h o f f e r zeigt nun an einer Reihe von Fällen (sogenannte akute Leukämie; ödematöses neugebornes Kind; 7 Monate altes Mädchen mit Pädatrophie, Furunkulose, Bronchopneumonie und Darmkatarrh; Feuersteinleber; Karzinome mit und ohne Knochenmetastasen), daß im postfötalen Leben sich die Blutbildung bei verschiedenen pathologischen Verhältnissen besonders in der Leber abspielt.

Als erythropoetische Bildungsstätten konnten drei Gebiete festgestellt werden:

1. Die Blutbahn, und zwar meist spindelförmige oder sackartige, stets mit Endothel ausgekleidete Ausbuchtungen, oder auch ganz diffuse gleichmäßige Erweiterungen der Leberkapillaren.

---

[1]) Zitiert nach L o b e n h o f f e r.

[2]) N e u m a n n , Neue Beiträge zur Kenntnis der Blutbildung. Arch. f. Heilk. XV. 1874.

[3]) Zitiert nach W e i d e n r e i c h , Die roten Blutkörperchen II. Ergebnisse der Anatomie und Entwicklungsgeschichte. XIV. 1904.

[4]) S a x e r , Über die Entwicklung und den Bau normaler Lymphdrüsen, usw. Anat. Hefte, Bd. 6. 1896.

2. Der Raum zwischen der Außenseite der Kapillarwand und den anstoßenden Leberzellen, wobei gegen das Protoplasma der Leberzellen hin nie eine Spur von zelliger Begrenzung oder gar Auskleidung konstatiert werden konnte.

Verfasser betont außerdem, daß diese extrakapillären Blutbildungsherde vorwiegend die unreifsten Formen der Erythroblasten enthalten (basophile, amphophile und orthochromatisch-rundkernige), während die sub 1 erwähnten intrakapillären hämatopoetischen Zellkomplexe vorwiegend die reifen Erythroblastentypen erkennen lassen (karyorrhektische Formen und fertige Erythrozyten).

Die extrakapillären Herde werden entweder durch einzelne kernhaltige Elemente repräsentiert oder durch Gruppen von 6—8 Stück, welche direkt in das Protoplasma der Leberzellen vom Rande her hineingedrückt sind (N e u m a n n s lakunäre Korrosion).

Die intrakapillären Herde enthalten außer Erythroblasten auch Myeloblasten und Myelozyten in geringer Zahl im Gegensatz zu den extrakapillären Zellkomplexen.

3. Die dritte Bildungsstätte endlich ist das meist mehr oder weniger verbreitete periportale Bindegewebe, und zwar finden sich die kernhaltigen Roten in den Spalten des Bindegewebes zwischen den Bindegewebsfasern diffus zerstreut, ohne gleichzeitiges Vorhandensein von Blutgefäßendothel. Auch wenn die Erythroblasten noch so dicht liegen, ziehen doch Bindegewebsfasern zwischen den einzelnen Elementen hindurch.

Kleine periportale Venen sind meist in ihrer ganzen Wand bis unter das Endothel und auch in ihrer Adventitia mehr oder weniger stark durchsetzt mit Erythroblasten in allen Entwicklungsstadien, auch karyorrhektische Formen und fertige Erythrozyten in geringer oder größerer Zahl. Bei einzelnen solcher Venen war das Endothel zu ganz zarten Fasern ausgezogen und ins Lumen vorgebuchtet, indem einige kernhaltige Rote scheinbar eben im Begriffe waren, in das Gefäßlumen einzuwandern. Die Lagerung von Erythrozyten in der Umgebung der kleinen periportalen Venen wird von L o b e n h o f f e r erklärt entweder durch einen erhöhten Widerstand der Gefäßwand gegenüber der Einwanderung der unreifen Erythroblasten oder durch Verminderung der Wanderungsfähigkeit dieser Zellen, so daß der Kernschwund sich schneller vollzog als die Wanderung, oder durch einen pathologisch beschleunigten Kernzerfall.

Die oben erwähnten in der Venenwand liegenden Zellen befinden sich zwischen den faserigen Wandbestandteilen und erzeugen oft Auflockerung der Gefäßmembran. Das Endothel der betreffenden Venen wird trotz der oft enorm dichten Durchsetzung der Venenwand mit Erythrozyten intakt befunden, so daß Blutung ausgeschlossen erscheint. Den kernhaltigen Roten waren ab und zu auch Myeloblasten und Myelozyten im periportalen Bindegewebe beigemischt, speziell auch in der Nähe kleiner Venen.

In der Wand von Arterien waren niemals unreife Blutzellen aufzufinden. Die jüngsten Formen der Erythroblasten hält L o b e n h o f f e r höchstwahrscheinlich für wanderungsfähig.

Nicht bloß in der Leber, sondern auch im interstitiellen Gewebe der Niere, besonders der Rinde, fanden sich extravaskuläre Nester mit kernhaltigen Roten und dazwischen eingesprengt Myeloblasten und Myelozyten.

Der Autor macht dann an dieser Stelle noch darauf aufmerksam, daß A s k a n a z y anno 1905 betont habe, daß in der Leber bei Einengung des Knochenmarkes durch Tumoren oder bei andern mit Kachexie und Blutschädigung einhergehenden Zuständen intravaskuläre Blutbildung auftreten könne.

In einer zweiten Untersuchungsreihe an menschlichen embryonalen Lebern aus dem 6., 7. und 8. Fötalmonat und beim Neugebornen untersuchte L o b e n h o f f e r die Frage, ob sich in der normalen embryonalen Entwicklung Parallelen zu den oben skizzierten pathologischen Verhältnissen ergeben.

In der Leber von 6—8 monatlichen Föten sind die blindsackartigen Buchten sehr ausgeprägt, und herrscht in ihnen die lebhafteste Blutbildung in allen Entwicklungsstadien vom basophilen Erythroblasten bis zum fertigen Erythrozyten. Auch Myeloblasten und Myelozyten finden sich dabei in meist geringer Zahl sowie junge Riesenzellen mit hellem chromatinarmem, meist rundem Kern und ungranulierter Randzone.

Auch extrakapilläre Blutbildungsherde waren vorhanden, wobei die vorüberziehende Kapillarwand zuweilen (besonders bei den größten Blutzellkomplexen) in das Lumen vorgebuchtet war; die faserigen Bestandteile der Kapillarwand schienen dann verdünnt und in Auflockerung begriffen, oder die Kapillarwand hatte ihre Kontinuität verloren, sie war zwischen zwei Endothel- kernen eingerissen und die aufgesplißten Fasern flottierten in das Lumen hinein. Die Kerne der Wandauskleidung erschienen in der nächsten Nachbarschaft der Auffaserungsstelle öfters besonders dick und dunkel färbbar. Die kleinsten extrakapillären Herde enthielten fast nur basophile oder amphophile Erythro- blasten mit 1—4 kleinen Kernkörperchen, während in den größeren Aggregaten auch reife Typen und gelegentlich sogar Erythrozyten auftraten, und zwar auch in gegen die Blutbahn abgeschlossenen Herden. Die jüngsten kernhaltigen Roten sind an der Außen- wand der Kapillaren zu suchen, d. h. da, wo die Herde sich eben zu bilden beginnen. Auch Myeloblastennester und vereinzelte junge Riesenzellen wurden extrakapillär in genau der gleichen Lagerung zu Kapillarwand und Leberzellen konstatiert.

Das periportale Bindegewebe zeigte die gleichen Verhältnisse wie beim pathologischen Material.

In den Lebern der älteren Stadien waren die Kapillaraus- buchtungen geringer an Zahl und Weite geworden und fehlten vom 8. Fötalmonat an. Die extrakapillären Blutbildungsherde waren beim Neugeborenen noch in mäßiger Zahl vorhanden, während die periportale Blutbildung noch keine Abnahme zeigte.

S c h r i d d e s „primäre Erythroblasten" (E h r l i c h sche Megaloblasten) wurden nie gefunden, indem der Ersatz derselben durch sekundäre kernhaltige Rote zu dieser Zeit in der Leber längst vollendet ist. In Übereinstimmung mit N e u m a n n , M. B. S c h m i d t und S c h r i d d e nimmt der Autor die Ab- stammung der extrakapillären Blutbildungsherde aus den Gefäß- Wandzellen an, wonach dann die entstehenden Erythroblasten sich durch Mitose weiter vermehren.

Die dem Blutzellenherd anliegende Kapillarwand fasert sich nun auf und reißt ein, und obiger Zellkomplex erhält nun eine zelluläre Auskleidung gegen die Leberzellen hin — was schon M. B. S c h m i d t betont hat —, und zwar von den Wandaus- kleidungszellen der Kapillaren aus, in welche der Herd sich ge- öffnet hat. Auf diese Weise entstehen die sackartigen Anhänge des Kapillarsystems, in welchem sich die Blutbildung weiterhin

abspielen kann. Diese Kapillarausbuchtungen treten erst dann in
Erscheinung, wenn die primären Erythroblasten aus den Kapillaren verschwinden, und die sekundären kernhaltigen Roten
an ihre Stelle treten; deshalb faßt L o b e n h o f f e r die intrakapilläre Bildung der sekundären Erythroblasten, Myeloblasten,
Myelozyten und Riesenzellen als eine Fortsetzung der extrakapillären Genese auf.

Die kernhaltigen Roten des späteren embryonalen Lebens
entstehen also sowohl durch mitotische Teilung basophiler Erythroblasten, als auch aus den Gefäß-Wandzellen.

Für die Entstehung der Erythroblastenaggregate im periportalen Bindegewebe zieht der Autor ebenfalls die Gefäß-Wandzellen heran. Bemerkenswert ist, daß die periportale Erythropoese bei den pathologischen Fällen gegenüber der intrakapillären
und extrakapillären Blutbildung den Vorrang behauptete oder
nur allein bestand.

Auch bei älteren Föten zeigt sich diese Erscheinung, und ist
hier die extrakapilläre Erythropoese schon sehr spärlich geworden.
Die Entstehung der Blutbildung in der Leber im ganzen postfötalen Leben erklärt der Autor durch Heteroplasie oder indirekte Metaplasie von zellulären Elementen der Kapillarwand.
Es handelt sich also nach L o b e n h o f f e r in den pathologischen Fällen teils um ein Bestehenbleiben von Vorgängen im
postfötalen Leben, welche für den Embryo normal sind, teils um
ein Wiedereinsetzen solcher Prozesse.

Nachdem nun der Stand der modernen embryologisch-
hämotologischen Forschung dargelegt und damit eine breite Basis
für die Inangriffnahme des Problems der myeloischen Umwandlung geschaffen ist, möchte ich noch in möglichster Kürze
auf die verschiedenen Auffassungen zu sprechen kommen, welche
von den einzelnen Autoren zur Erklärung des genannten histopathologischen Erscheinungskomplexes vertreten worden sind.

Es soll bei dieser Gelegenheit zugleich auch auf die histologischen
Details der myeloischen Metaplasie noch näher eingegangen werden.

S t e r n b e r g [1]) glaubte, daß die myeloische Umwandlung
dadurch zustande kommt, daß die myeloischen Zellen den be-

---

[1]) Dr. C. S t e r n b e r g , Pathologie der Primärerkrankungen des
lymphatischen und hämatopoetischen Apparates. 1905.

treffenden Organen auf dem Blutweg durch Ausschwemmung aus dem Knochenmark zugeführt werden und sich am Ort der Metastasierung vermehren. In den betreffenden Organen sollen diese Elemente normalerweise nicht vorkommen. Für die Richtigkeit seiner Auffassung soll die Existenz des hyperplastischen Knochenmarkes und die Ausschwemmung myeloischer Elemente in das Blut sprechen.

Neuerdings [1]) nimmt Autor jedoch an, daß normalerweise in der Milz myeloisches Gewebe persistiere, und daß deshalb die myeloische Umwandlung durch Hyperplasie präexistenten Myeloidgewebes zustande komme.

Betreffs der histologischen Verhältnisse in den vom myeloisch-leukämischen Prozeß befallenen Organen erwähnt der Autor in der Milz eine öfters vorkommende Vergrößerung der Follikel und eine häufige Verwischung der Grenze zwischen letzteren und der Pulpa. In den überwiegend aus Lymphozyten bestehenden Follikeln sollen auch Myelozyten vorkommen; in der mehr oder weniger vergrößerten Pulpa fand der Autor zahlreiche Myelozyten, auch Erythroblasten, weniger „Große Mono‟, Lymphozyten und Leukozyten. In der Leber wird sowohl die intrakapilläre als die interlobuläre streifenförmige oder zirkumskripte knotige Form myeloischer Wucherung erwähnt.

In den Lymphdrüsen berichtet der Autor von einer Vergrößerung der Follikel und Markstränge mit meist noch deutlicher Abgrenzung beider Bezirke. Die Kapsel erwies sich häufig von myeloischen Zellen infiltriert, sowie auch das perikapsuläre Bindegewebe. In den Lymphsinus und Blutgefäßen zahlreiche Leukozyten; in der Wand der Blutgefäße kleine myeloische Infiltrate. Die Follikel bestanden größtenteils aus Lymphozyten, enthielten aber namentlich in den peripheren Partien auch eosinophile und neutrophile Myelozyten; letztere Elemente fanden sich besonders reichlich in den Marksträngen. Das Stroma war häufig verdickt, wie auch in den Follikeln. Im Knochenmark fand S t e r n b e r g myelozytäre Hyperplasie, ferner auch Lymphozyten, „Große Mono‟ und polymorphkernige Leukozyten, sowie Normo- und Megaloblasten; auch ein- und mehr-

---

[1]) Dr. C. S t e r n b e r g , Über das Vorkommen neutrophiler Myelozyten in der Milz. Verhandlg. d. Deutsch. Pathol. Ges. 1905.

kernige Riesenzellen. In den Tonsillen und Follikeln der Schleimhäute analoge Veränderungen wie in den Lymphdrüsen.

H. L e h n d o r f f und E. Z a k[1]) berichten über einen
Fall von myeloischer Leukämie mit fibröser Umwandlung des
Diaphysenmarkes der langen Röhrenknochen und myeloischer
Metaplasie der Milz. Die Autoren interpretieren den Befund in
der Milz als eine Hyperplasie normalerweise präexistenten Myeloidgewebes und betrachten die myeloische Proliferation im Knochenmark bei Leukämie nur als Teilerscheinung einer allgemeinen
myeloischen Hyperplasie.

H e l l y[2]) ist der Ansicht, daß es auf Grund der Versuche
der Parenchymbreiinjektionen allein schon ausgeschlossen sei,
die myeloische Metaplasie anders als mit Hilfe der Verschleppung
von Parenchymzellen aus dem Knochenmark erklären zu wollen,
und prägt für diese Erscheinung den Begriff der Kolonisation.
Als Metastase will er den Erscheinungskomplex der myeloischen
Umwandlung deshalb nicht aufgefaßt haben, weil es sich nicht um
Verschleppung von blutfremden Elementen an Lagerstätten
handelt, welche den Stammorganen der betreffenden Blutzellen
fremd sind, sondern um eine Art „innerer Transplantation".

Zur Begründung seiner Theorie führt H e l l y an, daß es unter
geeigneten Versuchsbedingungen, wie z. B. durch Beeinflussung
des Knochenmarkes vermittelst Bakterien, schon nach kurzer Zeit
in der Milz des Kaninchens (in welcher nach H e l l y s Ansicht
normalerweise keine Myelozyten vorkommen) zu einer derart
hochgradigen und herdweise auftretenden Einlagerung solcher
Zellen kommt, welche sich nicht nur im Blute, sondern auch in
den Kapillaren anderer Organe reichlich finden, daß die Erklärung
mit Hilfe der gedachten Verschleppung bei weitem die nahe-
liegendste ist.

K. Z i e g l e r[3]) kommt in seinen Untersuchungen über die
Histogenese der myeloiden Leukämie zu folgenden Thesen: Zur
Entstehung dieser Krankheit ist erforderlich:

---

[1]) Dr. H. L e h n d o r f f und Dr. E. Z a k, Myeloide Leukämie im
Greisenalter mit eigenartigen histologischen Befunden. Fol. haem., IV.
Jahrgang, Nr. 5. 1907.

[2]) Dr. H. H e l l y, Die hämatopoetischen Organe usw. Wien 1906.

[3]) Dr. K u r t Z i e g l e r, Experimentelle und klinische Untersuchungen über die Histogenese der myeloiden Leukämie. Jena 1906.

Eine Schädigung der Milz, welche zu einem Verlust oder zu funktionellem Versagen der follikulären Apparate führt, ohne daß jedoch Stroma und Gefäßanordnung wesentliche Veränderungen erleiden.

Die leukämische Erkrankung selbst besteht in

1. myeloider Reaktion des Knochenmarks, d. h. vermehrter Produktion und Ausschwemmung einkerniger (und rundkerniger!) proliferationsfähiger Zellen.
2. Einlagerung dieser Zellen in das verödete Milzgewebe und in ungehemmtem Wachstum derselben unter gleichzeitiger Hyperplasie des Knochenmarkes.
3. Überschwemmung des Blutes mit myeloiden Zellen aus Milz und Knochenmark (Leukämie).
4. Sekundären Organveränderungen, eventuell Bildung tumorartiger Markzellenherde.

K. Ziegler supponiert also eigenartige bestimmte Korrelationen zwischen Milz und Knochenmark, deren normale Betätigung anscheinend das zelluläre Gleichgewicht der weißen Blutzellen bedingt.

Myeloische Umwandlung der Lymphdrüsen soll ebenfalls durch den funktionellen Ausfall des Follikelgewebes entstehen. Für das Auftreten der Megakaryozyten in den myeloisch umgewandelten Organen nimmt der Autor jedoch autochthone intra- oder extravaskuläre Genese an, und zwar aus Myelozyten oder Myeloblasten.

An dieser Stelle möchte ich gleich Schridde[1]) kritische Bemerkungen zu K. Zieglers Theorie folgen lassen. Schridde macht darauf aufmerksam, daß bei Zieglers Tierversuchen keine sogenannte myeloide Reaktion, geschweige denn eine leukämische Beschaffenheit des Knochenmarkes nachzuweisen sei. Ferner sei es auch unrichtig, daß aus einer Störung der zellulären Gleichgewichtsverhältnisse (zu ungunsten der Milz) eine Leukämie entstehen müsse, und liege überhaupt gar keine Leukämie vor. Auch der Gedanke Zieglers wird abgelehnt, daß auch bei der lymphatischen Leukämie eine primäre Schädigung des Knochenmarks die auslösende Ursache sei, da es Fälle

---

[1]) Dr. H. Schridde, Münch. med. Wochenschr. 1907, Nr. 32.

von lymphatischer Leukämie gebe, wo das gesamte Knochenmark absolut intakt sei. Nach S c h r i d d e s Ansicht bringen Z i e g l e r s Untersuchungen den besten Beweis, daß auch bei der myeloischen Leukämie die myeloische Umwandlung der Milz autochthon aus präexistentem myeloischem Gewebe (Tiere!) geschehe und nicht zurückgeführt werden dürfe auf aus dem Knochenmark stammende in die Milz eingewanderte Zellen.

S c h r i d d e sieht das Wertvolle an der Z i e g l e r schen Arbeit darin, daß unter der Wirkung der Röntgenstrahlen der lymphatische Apparat der Milz zugrunde geht, und daraufhin eine myeloische Substitution statthat. Durch diese Überschußbildung der myelozytären Elemente trete eine wohl nur vorübergehende Myelozytose des Blutes ein, in welcher jedoch keine Leukämie erblickt werden dürfe.

M. A s k a n a z y [1]) konnte bei Karzinosen mit ausgedehnten Knochenmetastasen eine vikariierende Blutbildung in den bekannten Ausbuchtungen der Pfortaderkapillaren nachweisen und zwar vorwiegend in den zentralen Partien der Leberläppchen (langsamere Strömung!). Stellenweise fanden sich auch abgelöste Kapillarendothelien von platter Gestalt und blassem Kern unter dem übrigen kapillaren Zellinhalt. Einige derselben zeigen verbreiterten Zellkörper und voluminöseren Kern und wieder andere enthalten Hämosiderin und körnige Krümel im Protoplasma. Unzweideutige Übergangsbilder zwischen den unreifen Blutzellen und den Kapillarendothelien wurden n i c h t konstatiert. Auch die Zentralvenen enthielten zahlreiche kernhaltige unreife Blutelemente.

In einem weitern Fall von allgemeiner Osteosklerose mit myelogener Anämie ließ sich bei gallertig-atrophischem Fett- und Fasermark in der Leber sowohl intrakapilläre (in sackartigen Ausbuchtungen der Pfortaderkapillaren) als extrakapilläre Hämatopoese feststellen. Letztere verlief an der Außenseite der portalen Kapillarwand, teils zwischen den Fasern der Kapillar-Adventitia, teils in lakunären Buchten der Leberzellen, und bestand vorwiegend in der Produktion eosinophiler Myelozyten. Betreffs der intrakapillären Blutbildung und des Verhaltens der Zentral-

---

[1]) Prof. Dr. A s k a n a z y , Über extrauterine Bildung von Blutzellen in der Leber. Verhandlg. der Deutsch. Pathol. Ges. 1904.

venen bestehen die gleichen Verhältnisse wie oben. Das interazinöse Bindegewebe und die darin verlaufenden Pfortaderäste zeigen nichts Besonderes!

Die Venen der Milz und der Nieren enthalten im Gegensatz zu den Arterien zahlreiche kernhaltige Elemente.

Für eine Abstammung der Blutzellen in der Leber aus Kapillarendothelien ergeben sich für den Autor keine Anhaltspunkte; hingegen denkt er an eine Ansiedlung von Zellen aus den Blutbildungsorganen in der Leber, an Leukozyten des Blutes oder an ad hoc exportierte von dem pathologisch eingeschränkten Mutterboden (Knochenmark) losgelöste Zellen des hämatopoetischen Apparates. Im übrigen sei die Leber neben der Milz infolge ihrer embryonalen blutbildenden Funktion für eine solche extrauterine Hämatopoese besonders qualifiziert.

Zum Schluß sieht M. A s k a n a z y in seinen Beobachtungen eine weitere Stütze für die von E. N e u m a n n begründete und von ihm aufgenommene Hypothese der medullären Genese aller Leukämien.

Was nun noch die Auffassungen von N e u m a n n , E h r - l i c h und G r a w i t z betrifft, so geht schon aus der zu Eingang der Arbeit gegebenen Klassifikation hervor, daß diese Autoren die Entstehung der extramedullären leukämisch-myeloischen Zellaggregate durch Auswanderung von Blutzellen aus dem Knochenmark und Metastasierung in den verschiedensten Teilen des Körpers erklären wollen.

Nachdem nun die Theorie der Ausschwemmung aus dem Knochenmark und z. T. auch der Vorstellungskomplex der autochthonen Genese genügend charakterisiert sind, erübrigt es sich noch, eine Anzahl Autoren zu erwähnen, welche sich zu letzterer Auffassung bekennen. Schließlich soll dann noch auf jene Doktrin eingegangen werden, welche der Leukämie (myeloische und lymphatische) die Natur eines malignen Tumors vindiziert.

Es muß bei dieser Gelegenheit vorerst betont werden, daß verschiedene Autoren schlechtweg von autochthoner Genese reden, sich aber nicht des nähern über den zellulären Ausgangspunkt der myeloischen Proliferation (z. B. in den Lymphdrüsen) auslassen. Es ist infolgedessen oft nicht ersichtlich, ob sie sich zur dualistischen oder monistischen Auffassung bekennen.

E. Meyer und A. Heineke[1]) fanden in ihren ausgezeichneten Untersuchungen bei chronischer lymphatischer Leukämie (im zirk. Blut ca. 3120 eos. Zellen und 500 neutrophile Myelozyten pro cmm[1]) eosinophile Zellen in ganzen Haufen in der Leber; auch in größeren periazinären Lymphknoten lagen eosinophile Myelozyten besonders massenhaft, also geringe myeloische Umwandlung, welche die Verfasser als vikariierendes Phänomen infolge der lymphadenoiden Wucherung im Knochenmark auffassen. Bei 4 Fällen (chronischer und akuter) myeloischer Leukämie wurden in der Leber intrakapilläre Anhäufungen myeloischer Zellen, öfters in Form kleiner Tumoren mit deutlichem retikulären Grundgewebe, konstatiert, weniger häufig fanden sich interlobuläre myeloische Infiltrate, besonders in der Umgebung größerer Gefäße, welche untereinander konfluieren können.

Parallel mit den beschriebenen Leberveränderungen ging in allen Fällen eine myeloische Metaplasie der Milz mit Reduktion der Follikel an Zahl und Umfang infolge Druckwirkung von seiten der myeloisch wuchernden Pulpa. Auch die Lymphdrüsen zeigten regelmäßig analoge Veränderungen mit Proliferation unreifer Knochenmarkselemente im interfollikulären Gewebe und dadurch bedingter Atrophie des follikulären Apparates. Dieses in „lymphatischen" Organen (Milz, Lymphdrüsen usw.) sich bildende Myeloidgewebe stammt nach Ansicht der beiden Autoren von ihdifferenten Pulpaelementen ab, welche den „lymphozytenähnlichen" Zellen des Knochenmarkes gleichzustellen seien. Die myeloischen Elemente entstehen sowohl aus anderem Zellmaterial als auch an anderer Stelle wie das Lymphoidgewebe, jedoch sind die beiden Forscher der Ansicht, daß Myeloid- und Lymphoidgewebe in letzter Instanz von einer gleichen indifferenten Zelle abstammen.

Auch bei typischer perniziöser Anämie (5 Fälle) wurde in der Milz regelmäßig der Erscheinungskomplex der myeloischen Metaplasie konstatiert. Dabei lagen die Myelozyten hauptsächlich perivaskulär um kleine Pulpaarterien, welche keine lymphoide Scheide mehr besitzen, und subendothelial bei Balkenvenen. Die

---

[1]) Dr. E. Meyer und Dr. A. Heineke, Über Blutbildung bei schweren Anämien und Leukämien. Deutsch. Arch. f. klin. Med.

Erythroblasten hingegen fanden sich innerhalb der weiten venösen
Sinus. Die eben erwähnten Veränderungen werden von M e y e r
und H e i n e k e als atypische vikariierende Myeloidbildung aufgefaßt. Entsprechend dieser Ansicht hatte schon vorher K u r p -
j u w e i t bei karzinösen Knochenmarksmetastasen typische
Knochenmarkselemente in der Milz gefunden.

Die weniger häufigen Leberveränderungen bei typischer
perniziöser Anämie bestanden in der Bildung eosinophiler Myelozyten und Myeloblasten perivaskulär im interlobulären Bindegewebe. Myeloisch-metaplastische Prozesse in den Lymphdrüsen
fanden sich seltener.

In zwei Fällen atypischer perniziöser Anämie (letzterer als
Leukanämie bezeichnet) mit Leukozytose, Vermehrung der Eosinophilen und Erythroblasten und relativ vielen Myelozyten fand
sich außer den eben erwähnten Organveränderungen eine Anhäufung zahlreicher myeloischer Zellen in den sehr erweiterten
und zum Teil buchtig gestalteten Kapillaren, namentlich in den
peripheren Partien der Lobuli. Wo die Kapillarendothelien nicht
dicht an die Leberzellenbalken anschließen, ließ sich subendothelial ein feines gitterartiges Fadennetz konstatieren. Die Verfasser halten eine Einschwemmung der unreifen myeloischen
Zellen der Leber aus dem Knochenmark für unwahrscheinlich,
wollen jedoch eine solche aus der Milz nicht ausschließen, da sie
für die betreffenden Elemente keine im Hepar ansässigen Mutterzellen nachweisen konnten. Das leukämische Blutbild der beiden
Fälle halten die Autoren für eine Folge der intrakapillären Blutbildung in der Leber.

In zwei weiteren Fällen (akute atypische perniziöse Anämien)
mit 13 900 und 27 800 Leukozyten und relativ hohen Myeloblasten-
und sehr geringen Erythroblastenwerten ließ sich intrakapilläre
und periportale perivaskuläre Hämatopoese konstatieren (vorwiegend lymphozytenähnliche und indifferente Lymphoidzellen).
Sowohl intra- als interlobulär imponierten die betreffenden Zellanhäufungen als kleine Knötchen (Leukome). Der zweite der
beiden Fälle zeigte aplastisches Femur- und Rippenmark. Milz
und Lymphdrüsen waren jedesmal auch myeloisch umgewandelt.

Durch die gleichzeitig mit der kompensatorisch gesteigerten
Erythropoese einsetzende Leukopoese der Organe kann also ein

Blutbefund sowie ein histologisches Verhalten der Organe bei schwerer Anämie resultieren, welches dem der myeloischen Leukämie gleicht.

Die bei Anämie oder Leukämie zu findenden Organveränderungen können nach Ansicht der beiden Autoren entweder als Ausdruck reparatorischer Bestrebungen des Körpers auf Blutschädigung oder auch als Ausdruck leukämischer Neubildungen aufgefaßt werden. Die bei Anämien sich etablierende myeloische Metaplasie möchten die Verfasser jedoch als das morphologische Zeichen gesteigerter Regenerationsvorgänge interpretieren und nicht als Symptom der Organschädigung, da sie auch beim normalen menschlichen Embryo vorkomme.

Auch bei schwerer Streptokokkensepsis mit hochgradiger Anämie und bei letalen Anämien im Greisenalter fanden M e y e r und H e i n e k e myeloisch-metaplastische Prozesse, und bei gewissen experimentellen Blutgiftanämien am Kaninchen entwickelten sich die myeloischen Formationen in Leber und Milz parallel mit der Besserung des Blutbildes, fehlten jedoch auf der Höhe der Vergiftung.

Zum Schluß wird für die autochthone Genese myeloisch-metaplastischer Prozesse und kontra Einschwemmungstheorie angeführt, daß das in der Milz auftretende Myeloidgewebe beim menschlichen Embryo sich bereits vorfinde, wenn das Knochenmark kaum eine blutbildende Funktion besitze; ferner wird der Befund hochgradiger myeloischer Umwandlung in Milz, Leber und Lymphdrüsen bei akuter aplastischer perniziöser Anämie herangezogen. Hingegen möchten die Autoren, wie schon oben erwähnt, für die Erklärung der intrakapillären Blutbildung in der Leber eine Einschleppung aus der Milz nicht ausschließen.

In einer kürzlich erschienenen Arbeit konnte E. M e y e r [1] durch Experimente am Kaninchen seine oben gemeinsam mit H e i n e k e geäußerte Auffassung bestätigen, daß die bei schweren Anämien auftretende pathologische Erythro- und Leukopoese als reparatorische Erscheinung zu interpretieren sei, und daß eine auffallende Ähnlichkeit mit embryonaler Blutbildung bestehe. Weiterhin kommt der Autor auf Grund von Untersuchungen von

---

[1] Dr. E r i c h M e y e r , Weitere Untersuchungen über extrauterine Blutbildung. Münch. med. Wochenschr. 1908, Nr. 22.

Dr. E. E. B u t t e r f i e l d [1]) an Anämien und Leukämien zu dem
Schluß, daß wir vorläufig keinen Grund haben, die Vorstufen der
granulierten Zellreihe und der Lymphozyten zu trennen. Sowohl
bei akuten myeloischen als bei akuten lymphatischen Leukämien
seien die großen lymphoiden Elemente der Milzpulpa (sogenannte
„große Lymphozyten") als Ausgangspunkt der Wucherung nachzuweisen. E. M e y e r vertritt auch den Standpunkt, daß die
letzgenannten zellulären Elemente mit den Vorstufen der embryonalen Myelozyten identisch sind, und nimmt zur Erklärung der
myeloischen Umwandlung an, daß indifferente polyvalente Zellen
in den betreffenden Organen vorhanden seien, aus welchen unter
ganz bestimmten Bedingungen Blutzellen hervorgehen.

Als Argument gegen die Theorie der Ausschwemmung vom
Knochenmark her erwähnt Verfasser das Vorkommen von myeloischen Leukämien ohne jegliche Beteiligung des Knochenmarkes
und plädiert auch für die Auffassung der myeloischen und lymphatischen Leukämie als Systemaffektionen. Zum Schluß kommt
der Autor noch auf die Theorie von K. Z i e g l e r zu sprechen
und bemerkt, daß myeloische Umwandlung ohne vorhergehende
oder gleichzeitige Follikeldegeneration vorkomme; letztere trete
erst auf, wenn die pathologische Leuko- und Erythropoese einen
gewissen Höhepunkt erreicht habe. E. M e y e r hat dann durch
G. B. G r u b e r [2]) zeigen lassen, daß der sogenannte leukämische
Blutbefund und die Knochenmarkswucherung regelmäßig bei be-
strahlten Kaninchen auftreten, gleichgültig, ob dieselben eine
Milz haben oder nicht, deshalb könne die Degeneration der Milzfollikel nicht die Ursache der Leukämie sein.

H. H i r s c h f e l d [3]) vertritt den Standpunkt, daß die bei
Anämien und Infektionen in der Milz und den lymphatischen
Apparaten gefundenen Knochenmarkselemente metaplastisch aus
den normalerweise allein vorhandenen Lymphozyten entstehen.

---

[1]) Dr. E. E. B u t t e r f i e l d , Über die ungranulierten Vorstufen
der Myelozyten und ihre Bildung in Milz, Leber und Lymphdrüsen. Deutsch.
Arch. f. klin. Med. 1908, Bd. 92.

[2]) Dr. B. G. G r u b e r , Über die Beziehungen von Milz und Knochen
mark zueinander; ein Beitrag zur Bedeutung der Milz bei Leukämie. Arch.
f. experiment. Pathol. u. Pharmakol. 1908, Nr. 58.

[3]) Dr. H. H i r s c h f e l d , Weiteres zur Kenntnis der myeloiden
Umwandlung. Berl. klin. Wochenschr. 1906, Nr. 32.

Ob „eigentliche“ Lymphozyten oder die mit ihnen eng verwandten sogenannten „Großen Mono“ die direkten Vorstufen der Granulozyten sind, läßt der Autor allerdings dahingestellt. H i r s c h - f e l d plädiert also für die autochthone Genese der myeloischen Umwandlung und hält eine metastatische Entstehung derselben um so mehr für ausgeschlossen, als das Blut in verschiedenen seiner Fälle niemals pathologische myeloide Elemente führte. Auch bei lymphatischen Leukämien konnte der Autor den Befund myeloischer Metaplasie in Milz und Lymphdrüsen bei Fehlen unreifer Knochenmarkszellen im Blute erheben und schließt aus diesem Verhalten, daß die scharfe Trennung zwischen Lymphozyten und Granulozyten nun endgültig fallen gelassen werden müsse. Nur durch gleichzeitige Einwirkung einer unbekannten leukämischen Noxe auf die Wucherung des lymphadenoiden sowohl als des myeloischen Gewebes seien die erwähnten Fakta zu erklären. Nach unsern gegenwärtigen Kenntnissen beständen auch keine Bedenken mehr, Mischformen zwischen myeloischer und lymphatischer Leukämie anzunehmen, da auch T ü r k , W i l k i n - s o n und M a l l a n d solche Übergänge beschrieben hätten. Auch der Umstand, daß am Aufbau der myeloisch-leukämischen Milz- und Drüsentumoren vielfach Lymphozyten den wesentlichsten Anteil nehmen, führt der Autor als Beweis einer gleichzeitigen Wucherung lymphadenoiden und myeloiden Gewebes bei vielen myeloischen Leukämien ins Feld. Trotz alledem will H i r s c h f e l d lymphatische und myeloische Leukämie nicht einfach identifizieren, sondern als zwei histologisch und ätiologisch differente Affektionen aufgefaßt wissen, zwischen welchen aber „Zwischen- und Übergangsformen“ existieren.

A. P a p p e n h e i m [1]) nimmt neuerdings zur Erklärung der myeloischen Umwandlung eine Metaplasie oder Metahyperplasie der splenoblastischen lienalen und der histiogenen stromatischen (S a x e r schen) Groß-Lymphozyten an. Mit andern Worten, auch die myeloische Leukämie wird für eine Systemerkrankung erklärt, deren krankhafte Hyperplasie beschränkt ist auf prädestinierte und determinierte vorgeschriebene Bahnen, sei es auf

---

[1]) A. P a p p e n h e i m , Über die Stellung der akuten großzellig-lymphozytären Leukämie im nosologischen System der Leukämien usw. Fol. haem., IV. Jahrg., Nr. 2, 1907.

präformiertes Myeloidgewebe, sei es auf zur myeloiden Metaplasie prädisponiertes Retikulär- oder Granulationsgewebe, dessen splenopotente variable und differenzierungsfähige Groß-Lymphozyten eben dann die Fähigkeit zur myeloiden Umwandlung besitzen. Während so im präformierten Myeloidgewebe einfache Hyperplasien beständen, würden im myelopotenten Retikulärgewebe myeloide Metahyperplasien statthaben.

R. Blumenthal und P. Morawitz konnten bei ihren experimentell erzeugten posthämorrhagischen Anämien keine myeloische Umwandlung der Milz und anderer Organe provozieren und urgieren den Standpunkt, daß das alleinige Auftreten von Megakaryozyten kein genügendes Kriterium für die Annahme einer myeloischen Metaplasie darstelle. Diese Riesenzellen seien keine für myeloische Gewebe charakteristische Zellart (für Hund und Kaninchen!) und entstehen höchstwahrscheinlich durch Verschmelzung mehrerer lymphoider Zellen.

P. Morawitz und E. Rehn stehen ebenfalls auf dem Standpunkt der autochthonen Genese myeloischer extramedullärer Formationen und halten die Existenz von Erythroblasten und Myelozyten im zirkulierenden Blut nicht für ausreichend zur Bildung myeloischer Metaplasie. Im übrigen supponieren die Autoren auf Grund ihrer Erfahrungen mit experimenteller posthämorrhagischer Anämie an Tieren einen engen Zusammenhang des erythropoetischen und leukoblastischen Systems, insofern man scheinbar nie erythroblastische Herde ohne gleichzeitige leukopoetische Zellaggregate antreffe. Erstere sollen sich in den verschiedenen Organen nur dann bilden, wenn gleichzeitig ein Reiz gegeben sei, welcher zur Bildung weißer Blutzellen in Milz, Leber usw. führe. Schwere Schädigungen der roten Blutbildung mit primärem Erythroblastenschwund sollen außerdem eine Differenzierungshemmung der Leukopoese bedingen, als deren morphologischer Ausdruck eine myeloblastäre Hyperplasie in Erscheinung trete.

In Übereinstimmung mit Heinz [1] postulieren die Autoren zum Nachweis myeloischer Metaplasie eine herdförmige Anordnung der betreffenden Zellen.

---

[1] Heinz, Virch. Arch. Bd. 168. 1902.

M a r c h a n d [1]) macht auf die Taches laiteuses R a n v i e r s bei älteren Embryonen, neugeborenen Kindern und Tieren, sowie bei Kindern in den ersten Lebensmonaten aufmerksam, d. h. auf dichte, meist umschriebene Zellanhäufungen in der Umgebung der Gefäße, des normalen Peritoneums (Netz), in welchen Ranvier gefäßbildende Zellen und lymphoide Elemente unterschied; hingegen François erklärte die sie zusammensetzenden Zellen für Bindegewebselemente, welche nach seiner Ansicht sogar die sämtlichen Zellen der Gefäßwand, außer den Endothelien liefern sollten.

M a r c h a n d fand in diesen Zellaggregaten Elemente vom Charakter der Lymphozyten. Statt knötchenförmiger Komplexe zellulärer Elemente fanden sich auch schmale Zellreihen, welche die Gefäße begleiten, bestehend aus Typen vom Charakter der großen mononukleären Leukozyten, welche auch intravaskulär konstatiert wurden; außerdem vielkernige Riesenzellen, kleine lymphoide Elemente; dichtgedrängte Erythroblasten, ebenfalls auch welche innerhalb der Kapillaren der nächsten Nachbarschaft, auch phagozytenartige Zellen. Der Autor macht hier auf die extravaskuläre Genese der kernhaltigen Roten aufmerksam, welche dann ähnlich wie die großen farblosen Elemente der betreffenden Zellanhäufungen in die Blutbahn gelangen. M a r c h a n d betont ferner den unverkennbaren Z u s a m m e n h a n g o b i g e r Z e l l h a u f e n   m i t   A d v e n t i t i a z e l l e n   d e r   G e f ä ß e , also Bindegewebszellen vielleicht besonderer Art. Die peripheren Elemente dieser Zellkomplexe lösen sich nun aus dem Zusammenhang, nehmen bindegewebigen Charakter an, scheinen sich an das Endothelrohr der jungen Kapillaren anzulegen und verhalten sich dann wie platte, an den Enden spitz zulaufende Adventitiazellen. Die Gefäßbildungszellen (Cellules vasoformatives R a n v i e r s) sollen nach M a r c h a n d von den eben beschriebenen Elementen verschieden sein und nur aus einer Sprossenbildung der Gefäßendothelien hervorgehen. Der Autor erwähnt dann noch die Klasmatozyten R a n v i e r s , welche nichts anderes seien als Bindegewebselemente und gleichwertig mit den Adventitiazellen der Gefäße.

---

[1]) M a r c h a n d , Über die bei Entzündungen in der Bauchhöhle auftretenden Zellformen. Verhandlg. d. Deutsch. Pathol. Ges. 1898.

Naegeli[1]) vertritt besonders energisch den Standpunkt der autochthonen Genese extramedullärer myeloischer Formationen und leitet die letzteren von indifferenten Adventitiazellen ab, wie dies auch beim Embryo zu konstatieren sei; eine Abstammung aus Endothelien oder Pulpazellen (Milz!) und ganz besonders aus Lymphozyten hält der Autor nicht für akzeptabel. Er nimmt an, daß sich in frühester Embryonalperiode aus Mesenchymzellen kernhaltige Rote, dann myeloische und lymphatische Zellen und Adventitiaelemente (Klasmatozyten) differenzieren. Die ersten drei Zellspezies spezialisieren sich so weitgehend, daß schon embryonal, geschweige denn postembryonal die einmal differenzierten nicht mehr ineinander übergehen können. Die Adventitiazellen hingegen bleiben auf ihrem Indifferenzstadium stehen und können unter bestimmten Bedingungen nach Naegeli entweder myeloische oder lymphatische Elemente physiologisch und besonders unter pathologischen Verhältnissen aus sich hervorgehen lassen. Bei der adventitiellen Leukopoese bleibt jedoch ein Unterschied zwischen lymphatischen und myeloischen Formationen bestehen, indem myeloische adventitielle Zellager unter pathologischen Bedingungen bald generalisiert in den verschiedensten Organen auftreten, während lymphatische adventitielle Bildungen an der Stelle der Einwirkung des pathogenen Reizes lokalisiert sind (chron. Entzündung). Offenbar hyperplasiere der weitverbreitete lymphatische Apparat bei größerer Inanspruchnahme leichter, so daß die Heranziehung von Reserven nicht so schnell nötig werde.

Gegenüber anderen Meinungen betont der Autor, daß die Auffassung der myeloischen Leukämie mit ihren Organveränderungen als metastasierender maligner Tumor (Banti, Ribbert, Schneiter) oder als Innidation (Neumann, Ehrlich, Helly, K. Ziegler) nicht ernstlich in Frage komme. Myeloische Umwandlung werde nämlich bei vielen Anämien in ausgedehntem Maße ohne Anwesenheit unreifer Knochenmarkszellen im zirkulierenden Blute getroffen, und abgesehen davon, sei eine derartige dauernde Etablierung von Körperzellen in den Geweben ohne jede Analogie in der Pathologie; auch vertrage sich die Regelmäßigkeit in der Anordnung der myeloischen Zellkomplexe

---

[1]) Naegeli, Blutkrankheiten und Blutdiagnostik. 1908.

nicht mit den fraglichen Auffassungen. Außerdem seien die gleichen Formationen auch beim normalen Embryo und bei der heilbaren Anaemia pseudoperniciosa infantum zu konstatieren, ohne jeglichen Unterschied gegenüber myeloisch-leukämischen Bildungen. Naegeli faßt also die myeloische Leukämie als Systemerkrankung auf, bei welcher eine rasende Wucherung myeloischen Gewebes statthabe, wo solches sich auch finde (Knochenmark) oder sich entwickeln könne (Blutgefäßadventitia); dabei sei das Knochenmark nicht eigentlich der Ausgangspunkt der Leukämie, sondern nur ein den übrigen hyperplastischen Veränderungen koordiniertes Phänomen.

Als kompensatorische Erscheinung hingegen tritt myeloische Metaplasie nach Ansicht des Autors auf bei funktioneller Insuffizienz des Knochenmarkes, also z. B. bei Infektionen, hochgradiger Anämie, Osteosklerose, malignen Tumoren des Knochenmarkes.

Die myeloisch-metaplastischen Veränderungen bei myeloischer Leukämie sind nach Naegeli[1] folgende:

1. **Milz**: Myeloische Wucherung in der Pulpa und dadurch Infiltration und Erdrückung der Follikel vom Rande her, häufige Bindegewebshyperplasie, niemals Follikelhyperplasie.

2. **Leber**: Erweiterung sämtlicher intralobulärer Kapillaren und starke intrakapilläre myeloische Wucherung mit Druckatrophie der Leberzellbalken; hie und da streifenförmige myeloische Zellaggregate perivaskulär im interlobulären Gewebe; gewöhnlich unvollkommene Einscheidung der Gallengänge und Gefäße; niemals rundliche lymphomartige Bildungen wie bei lymphatischer Leukämie.

3. **Lymphdrüsen**: Starke myeloische Wucherung in den zentralen Sinus und im Gebiet der Markstränge, dadurch Infiltration, Verdrängung und Kompression der nicht vergrößerten Follikel; manchmal starke periphere Lymphozytenwucherung bei zentraler myeloischer Proliferation und Bildung einer geschlossenen rein lymphatischen Formation aus den nur noch undeutlichen Follikeln; auch diffuse

---

[1] l. c.

lymphatische Wucherung konnte Autor gelegentlich konstatieren (S t e r n b e r g sah nur vergrößerte Follikel).

4. N i e r e n: Kleine streifenförmige myeloische Formationen.

5. Im D a r m konnte N a e g e l i bisher keine myeloische Metaplasie feststellen.

6. A d v e n t i t i e l l e B i l d u n g e n in den verschiedensten Organen, selbst im Fettgewebe.

7. Umwandlung des Fettmarkes in Zellmark; Infiltration vieler Gefäßwände mit myeloischen Zellen, eventuell Übergreifen myeloischer Formationen auf das Periost (B a n t i) und das perikapsuläre Bindegewebe der Lymphdrüsen (B a n t i und N a e g e l i).

Die ab und zu gefundenen lymphozytären Wucherungen in lymphatischen Organen erklärt der Autor dadurch, daß das an vielen Stellen verdrängte lymphadenoide Gewebe anderswo stärkere Lymphopoese einleitet, genau wie bei Lymphämie das verdrängte myeloische Gewebe adventitielle vikariierende Lager bildet.

Bei perniziöser Anämie erwähnt der Autor häufige myeloische Umwandlung der Pulpa mit Verkleinerung der Follikel. Analoge Prozesse in den Lymphdrüsen sind seltener und in der Leber wird von intrakapillärer Hämatopoese und adventitieller Myelopoese im Gebiet der Pfortaderäste berichtet. Entsprechende Veränderungen in Leber, Milz und Lymphdrüsen kommen auch bei Anaemia pseudoperniciosa infantum vor und, wie L e h n d o r f f fand, auch extravaskulär und ebenso in den Nieren.

F a b i a n , N a e g e l i und S c h a t i l o f f[1]) erwähnen einen Fall von klein- und großzelliger lymphatischer Leukämie mit dem Zellbild der Leukosarkomatose, jedoch ohne aggressives Wachstum. Die Milzfollikel waren bemerkenswerterweise nur stellenweise angedeutet und mit größern Lymphozyten durchsetzt; in der Pulpa bestand vorwiegend großzellige lymphatische Wucherung, und im ganzen war die Milzstruktur verwischt. Die Autoren nehmen hier nicht eine Erdrückung der Follikel wie bei myeloischer Pulpahyperplasie durch wucherndes Pulpagewebe, sondern

---

[1]) F a b i a n , N a e g e l i und S c h a t i l o f f , Beiträge zur Kenntnis der Leukämie. Virch. Arch., Bd. 190, 1907.

eine Auflösung der geschlossenen Follikelstruktur durch Auftreten größerer Lymphozyten zwischen den kleinen Lymphozyten an.

Ferner wird über einen Fall chronischer myeloischer Leukämie berichtet mit Reduktion der Follikel in einer Lymphdrüse und gleichzeitig starker lymphatischer kleinzelliger Wucherung in den übrigen Zellterritorien des Organs, welche Erscheinung die Autoren als vakariierendes Phänomen aufzufassen geneigt sind.

Bei einem Fall von akuter myeloischer Leukämie (Myeloblastenleukämie) wird das Fehlen roter Blutkörperchen, Gallengänge und größerer Gefäße in den zahlreichen Leukomen (viele Myeloblastome) für eine autochthone intraazinöse und intrakapilläre Genese ins Feld geführt. Im übrigen betrachten die drei Autoren die lymphatische und myeloische Leukämie als Systemaffektionen, deren spezifische Organveränderungen sämtlich durch lokale Proliferation entstehen, und betonen besonders die strenge Gegensätzlichkeit der beiden Gewebssysteme und die Unmöglichkeit der Existenz gemischter Leukämien (entgegen Hirschfeld). Auch Ziegler und Jochmann[1]) werden zitiert, welche den erwähnten Antagonismus ebenfalls sehr scharf betonen.

Es erweist sich vielleicht als zweckmäßig, noch kurz das Verhalten der lymphatisch-leukämischen Wucherungen im Gegensatz zu den myeloischen nach der Schilderung der drei Autoren zu skizzieren:

M i l z : Lymphatische Wucherung bewirkt Vergrößerung der Follikel und allmähliche Substitution des Pulpagewebes durch lymphatisches.

L e b e r : Lymphatische Hyperplasie ausschließlich interazinös, oft ungemein scharf abgegrenzt.

L y m p h d r ü s e : Die lymphatische Wucherung verwandelt schließlich die Drüsen in einen strukturlosen lymphatischen Zellhaufen, in welchem Follikelreste oft kaum mehr nachweisbar sind.

K n o c h e n m a r k : Es entsteht ein dicht geschlossenes lymphatisches Gewebe, erst knötchenförmig, dann diffus, in welchem myeloische Gewebsreste vorhanden sind oder auch ganz erdrückt werden.

---

[1]) Z i e g l e r und J o c h m a n n , Deutsche med. Wochenschr. 1907, Nr. 19.

F a b i a n [1]) erwähnt in einem Falle lymphatischer Chloro-
Leukämie mit fast totaler großzellig-lymphatischer Umwandlung
des Knochenmarkes das Vorkommen vikariierender Myelopoese
in Thymus, Lymphdrüsen und etwas spärlicher in den Tonsillen.
Auch hier erinnern die Lymphfollikel in Milz, Lymphdrüsen und
Tonsillen an das Verhalten bei myeloischer Leukämie, indem dieselben teilweise stark verkleinert sind, der Keimzentren entbehren
und wie komprimiert aussehen, während im übrigen Gewebe eine
starke großzellige Wucherung statthat. Der Autor vermutet, daß
hier die großzellige Proliferation wie bei der myeloischen Leukämie
von adventitiellen Zellen ausgehe, will aber eine Wucherung von
Lymphgefäßendothel nicht ganz ausschließen, und weist dieser
Form deshalb eine Sonderstellung an. In einem Fall von myeloischer Chloro-Leukämie des gleichen Autors fand sich außer der
diffusen noch die knotige Form der myeloischen Metaplasie,
wobei von besonderem Interesse ist, daß die betreffenden Knoten
auch granulomatöse, nekrotische und indurative Gewebsbezirke
enthielten, sowie endotheliale Zellstränge. F a b i a n meint, daß
der zunächst myeloische Wucherungsprozeß später durch ge-
waltige Bindegewebsentwicklung vielfach zum Stillstand gebracht
wurde.

P. S c h a t i l o f f [2]) bemerkt, daß myeloische Umwandlung
bei perniziöser Anämie am konstantesten in der Milz auftritt und
als autochthon entstanden aufgefaßt werden müsse. Er hebt auch
hervor, daß Hyperplasien des lymphatischen Apparates nie gefunden wurden, sondern im Gegenteil eine Verkleinerung der Milzfollikel, was einen Übergang von B i e r m e r scher Anämie in
lymphatische Leukämie als höchst unwahrscheinlich erscheinen
lasse. Im Gegensatz dazu betont er die Vermehrung der Myeloblasten im Knochenmark.

B e z a n ç o n und L a b b é [3]) schließen sich in der Frage
der myeloischen Umwandlung der Ansicht von D o m i n i c i an,
welcher das Auftreten myeloischen Gewebes in den betreffenden

---

[1]) Dr. E. F a b i a n , Über lymphatische und myeloische Chloro-
Leukämie. Zieglers Beiträge, Bd. 43, 1908.

[2]) Dr. P. S c h a t i l o f f , Über die histologischen Veränderungen
der blutbildenden Organe bei perniziöser Anämie. Münch. med. Wochen-
schrift 1908.

[3]) Traité d'Hématologie par F. B e z a n c o n et M. L a b b é. 1904.

Organen (Milz usw.) bei Infektionen und Anämien als ein Wiederaufleben fötal vorhandener Zellkomplexe betrachtet. Auch die myeloisch-leukämischen Organveränderungen werden nicht als Metastasen, sondern als Teilerscheinung einer allgemeinen Hyperplasie des myeloischen Gewebes interpretiert entsprechend der im Embryonalleben vorhandenen Lokalisation und Funktion myeloischer Formationen.

F u r r e r [1]) fand bei Anaemia pseudoperniciosa infantum intensive pathologische Erythropoese in Milz, Leber und Lymphdrüsen; die Leukopoese war geringer entwickelt. Bemerkenswert war dabei die Endothelhyperplasie (?) der Kapillaren (D e l a H a u s s e) in den Lymphdrüsen.

Wie ich oben in unserer Klassifikation entwickelt habe, wird von einigen Autoren (B a n t i , R i b b e r t , S c h n e i t e r) auch die Auffassung der myeloischen Leukämie als maligne Tumoraffektion vertreten.

B a n t i [2]) betrachtet die myeloische Leukämie als systematische myeloide Sarkomatose des hämato- und lymphopoetischen Apparates und identifiziert die myeloisch-metaplastischen Veränderungen in den verschiedensten Organen mit echten Metastasen. Er bemerkt, daß die vom leukämischen Prozeß sekundär betroffenen Organe sich vollkommen passiv verhalten, und daß ihre Zellen entarten und verschwinden. Das neue myeloide Gewebe rühre ganz von myeloiden Elementen her, welche das Blut zugeführt habe, und welche durch die ihnen eigene Fortpflanzungstätigkeit erst die Knötchen und dann die myeloide Infiltration bilden. Als Beweise für seine Anschauung zieht der Autor die Durchwachsung der Knochensubstanz mit Übergreifen auf das Periost (periostale „Infiltrate“) sowie das Auftreten perikapsulärer myeloischer Formationen bei myeloischer Metaplasie der Lymphdrüsen heran und verwertet diese beiden Tatsachen im Sinne schrankenlosen (malignen!) Wachstums. In Übereinstimmung mit S c h u r vindiziert B a n t i den myeloischen Elementen der leukämischen Bildungen atypische morphologische

<hr>

[1]) F u r r e r , Beiträge zur Kenntnis der Anaemia pseudoleukaemika infantum. Inaug.-Diss. Zürich 1907.

[2]) B a n t i , Die Leukämien. Zentralbl. f. allg. Pathologie 1904, Bd. 15.

Charaktere in bezug auf Größe der Zellen, Form und Färbbarkeit ihrer Kerne und das wechselnde Volumen ihrer Granula.

Auch R i b b e r t [1]) interpretiert die myeloische Leukämie mit ihren spezifischen Organveränderungen als Tumorbildung, welche vom Knochenmark ihren Ausgang nehme, indem (teilungsfähige!) Myelozyten durch hämatogene Verschleppung in alle Organe transportiert werden und dort Metastasen bilden, welche denen der echten Tumoren meist deutlich an die Seite zu stellen seien.

S c h n e i t e r [2]) schließt sich in seiner Arbeit im wesentlichen den Auffassungen von B a n t i und R i b b e r t an.

Zum Schluß sei noch erwähnt, daß W. S c h u l t z e [3]) die Ansicht vertritt, daß die geschwulstartigen Bildungen bei myeloischer Leukämie meist in Beziehungen zu Blutungen stehen.

---

[1]) R i b b e r t , Geschwulstlehre. 1904.

[2]) S c h n e i t e r , Über Leukämie nach Beobachtungen auf der medizinischen Klinik in Zürich. Inaug.-Diss. Zürich 1907.

[3]) W. S c h u l t z e , Ein Beitrag zur Kenntnis der akuten Leukämie. Zieglers Beiträge, Bd. 39, 1906.

II. Teil.

Nachdem nun auch die verschiedenen Anschauungen über das Wesen der myeloischen Metaplasie geschildert worden sind, soll auf die eigenen Untersuchungen eingegangen werden. Dieselben betreffen pathologisches und fötales Material vom Menschen.

Was die Technik betrifft, so haben sich als die geeignetsten Fixierungsflüssigkeiten zur Darstellung der neutrophilen, basophilen und eosinophilen Granulationen im Schnitt Zenker-Formol und Formol-Müller erwiesen. Zur Färbung der eben erwähnten Granula wurde die von mir angegebene Methode [1]) mit Alaunkarminkernfärbung und nachfolgender Eosinmethylenblaubehandlung sowie auch eigene Modifikationen der Eosinmethylenblautinktion ohne Kern-Vorfärbung verwendet, mit welchem man nicht bloß sehr distinkte, farbenkräftige Bilder der Kernstrukturen und Protoplasmagranulationen erzielt, sondern mit denen es mir auch zum erstenmal gelungen ist, die basophile „Punktierung" der Erythroblasten in und außer der Mitose und auch der indirekten Kernteilungsfiguren anderer Zellen zum Ausdruck zu bringen. Außerdem kam das Verfahren von S c h r i d d e mit Azur II-Eosin-Aceton in Gebrauch; gelegentlich wurde auch Tinktion mit Triacid vorgenommen.

Für die Darstellung der Mast- und Plasmazellen haben sich zur Fixierung als vorteilhaft erwiesen: absoluter Alkohol, Formol, Formol-Müller und Pikrinsäure-Sublimat. Zur Färbung diente U n n a s polychromes Methylenblau, P a p p e n h e i m s Karbol-Methylgrün-Pyronin, W e s t p h a l s Dahlialösung und Kresylviolett R-extra mit Alaunkarminvorfärbung.

---

[1]) S. N a e g e l i , Blutkrankheiten und Blutdiagnostik. I. Hälfte. 1907.

Schriddes azidophile Plasmazellengranulation wurde außer mit Eosinmethylenblaugemischen auch mit Weigerts Fibrinfärbung dargestellt. Außer diesen spezifischen Granulafärbungsmethoden kamen natürlich auch Hämatoxylin-Eosin, van Gieson-Weigert, Unnas Wasserblau + Orzein usw. zur Verwendung.

NB. Unbekannt dürfte es sein, daß sich zur Fixierung der Mastzellengranulation und der Plasmazellen auch Flemmingsche Flüssigkeit sehr gut eignet, mit der mir die Darstellung (z. B. mit Methylgrün-Pyronin usw.) in tadelloser Schärfe gelang.

Betreffs genauerer Angaben verweise ich auf meine demnächst erscheinende Arbeit: Technik der hämatologischen Granula-Färbungen in Schnittpräparaten mit Berücksichtigung der physikalischen und chemischen Prozesse bei der Fixierung und Färbung.

An dieser Stelle möchte ich nicht versäumen, Herrn Priv.-Doz. Dr. O. Naegeli für seine freundliche Unterstützung bestens zu danken. Ebenso danke ich den Herren Priv.-Doz. Dr. Schridde und Dr. Lobenhoffer für deren persönliche Einführung in die Schriddesche Spezialtechnik im Freiburger Pathologischen Institut und auch Herrn Prof. Dr. Zangger für seine Liebenswürdigkeit gewisse farbtechnische Fragen mit mir zu besprechen.

S. Perniziöse Anämie.

Auszug aus dem Sektionsprotokoll: Perniziöse Anämie mit Blutungen der Dura, des Gehirns, der Schleimhäute der Luftröhre, der Speiseröhre, des Darms, des Uterus, der Scheide, der serösen Häute (Epikard). Alte Endocarditis mitralis mit Verkalkung, fettige Tigerzeichnung des Herzens, namentlich links. Emphysem und Oedem der Lunge; leichte Sklerose des Arcus aortae und der Aorta thoracica. Haemosiderosis hepatis et renis mit Pseudomelanose beider Organe. Leichter Grad von Haemochromatosis jejuni; multiple Hirnhämorrhagien; Osteoporose der Rippen, rotes Knochenmark in Rippen, Femur, Sternum. Alte adhäsive Pleuritis der linken Seite.

Mikroskopischer Befund:

Blutausstrich (Giemsa): Starke Anisozytose und geringe Poikilozytose; Hämoglobingehalt fast aller Roten sehr gut.

Mäßig zahlreiche Megalozyten, darunter einzelne sehr große; die meisten Erythrozyten etwas größer wie normal; Polychromasie nicht häufig; basophile Punktierung fehlt völlig. Leukozyten spärlich, weitaus dominierend Lymphozyten; einige neutrophile Leukozyten; keine Erythroblasten.

Knochenmark (Femurdiaphyse).

Ausstrich (Giemsa, Triacid):

Sehr schöne große Myeloblasten in erheblicher Zahl mit 3—5 Nukleolen; sehr viele prachtvolle Megaloblasten, zahlreiche neutrophile und eosinophile Myelozyten, manche mit spärlicher Granulation; viele Myelozyten mit basophilem Protoplasma und beginnender neutrophiler Granulation (Promyelozyten), andere mit feinster basophiler und zugleich oxyphiler violetter Granulation; ziemlich viele kleine Erythroblasten, sehr wenig Erythroblasten mit pyknotischen Erscheinungen.

Schnittpräparate:

Mäßig zahlreiche Fettareolen, keine follikelartigen Formationen, sondern gleichmäßiger Aufbau, eine Kapillare im Längsschnitt ohne Inhalt, auch einige größere Gefäße.

Mark sehr zellreich, Reticulum sehr zart mit langen stäbchenförmigen Kernen. Megaloblasten und Megalozyten recht häufig und schön. Megaloblastenkern meist stark chromatinhaltig [1] und pyknotisch und häufig exzentrisch gelegen, meist rund und selten unregelmäßig geformt; Megaloblastenprotoplasma stark hämoglobinhaltig; auch karyorrhektische Formen. Ab und zu basophil punktierte Normo- und Megaloblastenmitosen, letztere mit basophilem oder polychromatischem Protoplasma; auch Normoblasten mit grober und feiner basophiler Punktierung; ganz vereinzelte Mikroblasten; Erythrozyten fast immer stark hämoglobinreich; vereinzelt Megalozyten mit mehreren Kernbröckeln, mehrere Megaloblasten mit zwei fast gleich großen Kernen. Basophile Normo- und Megaloblasten ab und zu vorhanden.

Myeloblasten von großem und mittelgroßem Typus zahlreich, hie und da mit paranukleärer Sphäre (Centrosoma) an der Stelle der beginnenden Kerneinbuchtung. Ganz vereinzelte Myeloblasten mit eben vollzogener Kernteilung, auch vereinzelte Myeloblasten

---

[1]) Es ist damit immer die Gesamtheit der Basichromiolen gemeint.

in Mitose, neutrophile Myelozyten in den verschiedensten Stadien beginnender Kerneinbuchtung und Metamyelozyten zahlreich, auch Promyelozyten darunter. Vereinzelt schöne Mitosen neutrophiler und eosinophiler Myelozyten. Keine Mastzellen (Formol-Zenker-Fixierung!). Kleine dunkelkernige Erythroblasten ziemlich häufig; Megakaryozyten sehr selten. Eosinophile Myelozyten häufig; Kurzstäbchen stellenweise im Parenchym. Gelbes körniges und scholliges Pigment in großer Menge im Protoplasma spindelförmiger Bindegewebszellen, ferner in Erythrozyten, die anscheinend im Zustand des Zerfalls sind; Erythrozytophagen und Phagozyten mit inkorporierten Kernresten; stellenweise liegt gelbes Pigment auch extrazellulär.

Diagnose: Myelozytisches und stark myeloblastisches Mark sowie megaloblastische Hyperplasie. Kleine dunkelkernige Erythroblasten in nicht geringer Zahl; auch basophile Normo- und Megaloblasten ab und zu; Megakaryozyten selten; viel Pigmentzellen. Wahrscheinlich Differenzierungshemmung der Myeloblasten. Insuffizienz des Knochenmarkes und Rückkehr zu einem Bildungstypus der Erythropoese und Leukopoese, welcher sich in frühen Embryonalzeiten betätigte. Auffällig und vielleicht charakteristisch für perniziös-anämisches Knochenmark (Femur!) ist die Seltenheit der Megakaryozyten. Möglicherweise besteht bei diesem Phänomen ein Kausalnexus mit der Insuffizienz des Knochenmarkes. Keine sichern Anhaltspunkte für endotheliale Hämatopoese. Relativ viele Mitosen.

Milz.

Ausstrich (May-Grünwald, Giemsa, Karbol-Methylgrün-Pyronin):

Ziemlich viel Normoblasten, einige Megaloblasten, ganz wenig neutrophile Myelozyten und ziemlich viele neutrophile Leukozyten, z. T. mit vakuolärer Degeneration des Protoplasmas; zahlreiche lymphoide Elemente (Lymphozyten, Lymphoblasten und

Pulpazellen); einige eosinophile Leukozyten und vereinzelte eosinophile Myelozyten; ganz wenig Mastmyelozyten.

Schnittpräparate :

Die Follikel heben sich deutlich von der Pulpa ab und zeigen nichts Besonderes; Follikelperipherie manchmal etwas verschwommen; Keimzentren fehlen; Trabekel und Kapsel nicht infiltriert und nicht verdickt.

Milzsinus und Pulpavenen infolge Ausstopfung mit Bakterien bläulich verfärbt; Schweigger-Seidelsche Hülsenarterien nicht sichtbar; die Trabekelvenen und -arterien enthalten spärlich Erythrozyten.

Follikel bestehen aus kleinen Lymphozyten, wenig lymphozytären Plasmazellen und sehr vereinzelten Lymphoblasten und nicht selten auch neutrophileu Leykozyten (letztere in der Randzone). In den (arteriellen) Follikelkapillaren reletiv viele Lymphozyten; in den peripheren Follikelzonen auch vereinzelte Normoblasten und Erythrozyten.

In den Maschen der Pulpa massenhaft Erythrozyten, auch viele polychromatische; ziemlich viele Megalozyten, viele Lymphozyten und wenig Lymphoblasten. Normoblasten und lymphozytäre Plasmazellen in mäßiger Menge; auch pyknotische Rote; Megaloblasten vereinzelt, aber sehr ausgeprägt, eosinophile Myelozyten ziemlich reichlich, neutrophile Leukozyten ziemlich zahlreich; vereinzelt Erythrozyten mit kleinen Kernbröckeln und basophiler Punktierung; neutrophile Myelozyten ebenfalls in geringer Zahl, aber sehr deutlich.

In den äußersten und mittleren Schichten der Trabekel, peritrabekulär und in der Adventitia von Zentralarterien und kleineren Pulpaarterien häufig lymphozytäre Plasmazellen, nicht selten in Häufchenanordnung. Keine Mastzellen.

In venösen Kapillaren und Pulpavenen ziemlich viele Megalozyten, lymphozytäre Plasmazellen, Normoblasten, zahlreiche Erythrozyten und andere nicht identifizierbare Elemente. Die Milzsinusendothelien scheinen bakteriophage Funktion auszuüben.

Manche Balkenvenen zeigen subendotheliale Lager von lymphozytären Plasmazellen mit Endothelabschuppung an den betreffenden Stellen. Reticulum der Milz sehr zart. In der Pulpa auch große Phagozyten mit inkorporiertem scholligem Pigment.

Diagnose: Geringe Leukopoese; nicht unerhebliche normoblastische und geringe megaloblastische Erythropoese. Follikel normal, nicht in Wucherung begriffen; starke Vermehrung der lymphozytären Plasmazellen; zahlreiche pigmenthaltige Phagozyten (negative Eisenreaktion!). Kein Beweis für endotheliale Blutbildung. Entzündliche Prozesse in der Milz (Plasmazellen!). Die fehlende Hyperplasie der Follikel und der Mangel einer lymphatischen Umwandlung der Pulpa spricht also gegen die Wahrscheinlichkeit eines Überganges typischer perniziöser Anämie (Biermer) in lymphatische Leukämie.

Leber.

Schnittpräparate:

Läppchenzeichnung undeutlich; interlobuläres Bindegewebe gewuchert und die Lobuli durch zahlreiche meist streifenförmige Bindegewebsherde zerteilt. Die Adventitia der Pfortaderkapillaren ist hyperplastisch. Auch von den Sublobularvenen aus gehen Bindegewebszüge zwischen die Leberzellbalken. In den portalen Kapillaren ziemlich viel Erythrozyten. Lymphatisch-follikuläre Formationen im interlobulären Gewebe fehlen.

In den Leberzellen sehr viel körniges eisenhaltiges Pigment und häufig fettige Metamorphose. In den Pfortaderkapillaren vorwiegend Normozyten, Megalozyten und nicht wenig neutrophile Leukozyten, vereinzelte eosinophile Myelozyten, orthochromatische Normo- und Megaloblasten sowie auch orthochromatische Megalozyten mit Kernbröckeln und z. T. mit feiner basophiler Punktierung; karyorrhektische Megaloblasten vereinzelt auch in interlobulären Gefäßen.

Inter- und intralobulär ziemlich viel Bindegewebsherde, deren zellige Elemente (Bindegewebszellen) z. T. Hämosiderin enthalten. In diesem Granulationsgewebe viele Fibroblasten, Lymphozyten, nicht wenige lymphozytäre Plasmazellen, z. T. mit basophiler und gelegentlich gleichzeitig mit azidophiler Granulation. Letztere will ich der Bequemlichkeit halber als „baso-azidophil granulierte" lymphozytäre Plasmazellen bezeichnen. Auch neutrophile Myelozyten ab und zu in diesen Bindegewebsherden zwischen den Bindegewebsfasern und -kernen. Diese Elemente liegen alle in schmalen Spalträumen zwischen den Bindegewebsbündeln und Fibroblasten; stellenweise auch nicht wenige Lymphkapillaren in diesen Gewebsbezirken; in den interlobulären Herden öfters Gallengangswucherungen.

Im Lumen der Pfortaderkapillaren ziemlich viele siderofere Zellen und auch freies Hämosiderin, letzteres auch in den Kapillarendothelien. Extrakapillär zwischen den Leberzellen orthochromatische Megaloblasten und Normoblasten vereinzelt; in schmalen Bindegewebsspalten der Kapsel lymphozytäre Plasmazellen und Plastmamastzellen.

Diagnose: **Ganz geringe normo- und megaloblastische Erythropoese der Leber, intra- und extrakapillär; auch spärliche Leukopoese im Bindegewebe (Granulationsgewebe). Hämosiderosis, fettige Metamorphose der Leberzellen und granulomatös-indurative Prozesse in der Leber; auch hier für endotheliale Hämatopoese keine genügenden Argumente.**

Lymphdrüsen.

Schnittpräparate:

Kapsel nicht verdickt und nicht infiltriert. Rindenfollikel nicht vergrößert; Markstränge und Lymphsinus deutlich unterscheidbar, letztere etwas erweitert. Gefäße der Markstränge und Sinus stark hyperämisch und dilatiert.

In den intra- und perikapsulären Lymphgefäßen vorwiegend Lymphozyten, einige Lymphoblasten und lymphoblastische Plasmazellen; im periglandulären Bindegewebe keine lymphatischen Formationen; im Kapselgewebe einige lymphozytäre Plasmamastzellen.

In den Randsinus und interfollikulären Sinus hauptsächlich Lymphozyten, ziemlich viel Lymphoblasten und vereinzelte lymphoblastische Plasmazellen und basophil punktierte Mitosen (von Lymphoblasten?); auch einige lymphozytäre Plasmamastzellen und retikuläre Erythrozytophagen.

In den Follikeln vorwiegend Lymphozyten, vereinzelte Lymphoblasten und lymphoblastische Plasmazellen. Lymphozyten der Rindenfollikel vorwiegend dunkelkernig, die des Markes meist hellkernig. Parallel mit dem häufigeren Auftreten der Lymphoblasten und lymphoblastischen Plasmazellen scheint eine stärkere Vaskularisation der Rindenfollikel zu gehen, auch basophil punktierte Mitosen daselbst (Lymphozyten oder Lymphoblasten?). In manchen Follikelgefäßen hie und da Erythroblasten und Erythrozyten, letztere leicht polychromatisch, sowie Lymphozyten. In interfollikulären Rindenzonen (Markstränge!) vereinzelt lymphozytäre Plasmamastzellen und eosinophile Leukozyten sowie baso-azidophil granulierte lymphozytäre Plasmazellen wie in der Leber; letztere Elemente auch in den Follikeln und beherbergen hie und da auch hyaline Kugeln im Protaplasma; solche Kugeln auch frei im Gewebe. In den intermediärem Sinus meist Lymphozyten, weniger Lymphoblasten und lymphoblastische Plasmazellen, noch weniger Normo- und Megalozyten, ferner lymphozytäre basophil granulierte und azidophil granulierte Plasmazellen, ferner auch solche Elemente mit violetten Granulis (Mischton von Eosin und Methylenblau!) und endlich auch welche mit fast ausschließlich nur azidophilen und ganz vereinzelten basophilen Körnern.

Diese verschiedenen Plasmazellenarten finden sich auch in den Trabekeln und der Adventitia von intrasinuösen Gefäßen; auch retikuläre Pigmentophagen in den Sinus.

Markstränge meist stark vaskularisiert; zelluläre Bestandteile: Lymphozyten, hell- und dunkelkernig, ziemlich viele Lymphoblasten und lymphoblastische Plasmazellen, z. T. auch in der Adventitia von Markstranggefäßen; in den Reticulummaschen die oben erwähnten Arten von lymphozytären Plasmazellen, wovon einzelne in Zerfall begriffen, in erheblicher Menge; auch basophil punktierte Mitosen (Monaster); die Plasmamastzellen scheinen gegenüber den übrigen Plasmazellentypen in den Marksträngen zu überwiegen, im Gegensatz zu den Sinus. In den Markstranggefäßen zahlreiche intensiv hämoglobinreiche Normozyten, nicht wenige Megalozyten, vereinzelte orthochromatische Normoblasten und Lymphozyten.

In der Adventitia von Markstranggefäßen ebenfalls die verschiedenen Formen von lymphozytären Plasmazellen. Markfollikel nicht hyperplastisch, keine lymphatische Hyperplasie der Markstränge.

Diagnose: Keine Hämatopoese in der Lymphdrüse, hingegen starke Plasmazellenproliferation (viele lymphozytäre Plasmamastzellen, azidophil granulierte und baso-azidophil gekörnte lymphozytäre Plasmazellen; sowie auch lymphoblastische Plasmazellen; chronische Lymphadenitis. Keine Follikelhyperplasie und keine lymphatisch-leukämische Infiltration der Kapsel und des perikapsulären Bindegewebes. Die meisten Plasmazellen in den Marksträngen und Sinus, weniger häufig in den Follikeln. Keine lymphatische Hyperplasie der Markstränge, also keine Beweise für lymphatisch-leukämische Wucherungen.

Zusammenfassung: Perniziöse Anämie; myelozytisch-myeloblastisch-megaloblastisches Zellmark; normoblastische und geringe megaloblastische Erythropoese und geringe Leukopoese der Milz; minimale extrakapilläre und intrakapilläre Erythropoese der Leber, geringe interstitielle (in Bindegewebsspalten) Leukopoese der letzteren; fehlende Hämatopoese der Lymphdrüsen. Starke Plasmazellenbildung, besonders in den Lymphdrüsen, mit zahlreichen basophil-, azidophil- und baso-azidophil granulierten lymphozytären Plasmazellen, sowie auch neutral granulierte in den untersuchten Organen. Hämosiderosis besonders der Leber und fettige Metamorphose derselben. Keine Hyperplasie des follikulären Apparates von Milz und Lymphdrüsen.

J. S. Myeloblasten-Leukämie.

Klinische Diagnose: Febris puerperalis, Endometritis septica, Anaemia gravis, Retention von Plazentarresten.

Auszug aus dem Sektionsprotokoll.

Sepsis puerperalis, Plazentarretention, diphtherisch-gangränöse Endometritis, fortgeleitete Metrothrombophlebitis, Thrombose der linken Vena spermatica interna und der rechten Arteria femoralis; infektiöser Milztumor, schwere allgemeine Anämie, starke Verfettung des Herzfleisches, Verfettung der Leber; fibröse Endokarditis der Mitralklappen mit leichter Stenose und Insuffizienz; rotes Mark in der linken Femurdiaphyse; in der Leber zahlreiche feine streifige Blutungen.

Für die Beurteilung des Falles ist es von Interesse, daß im Anschluß an eine Zwillingsgeburt mit Wendung und Extraktion eine ziemlich lange dauernde atonische Nachblutung auftrat, welche eine manuelle Lösung der stark adhärenten Placenta erforderlich machte. 12 Tage nach der Geburt trat Unwohlsein auf, Fieber, Ikterus und hohe Pulsfrequenz und 6 Tage darauf der Exitus. Der Hämoglobingehalt wurde zu 20 Proz. bestimmt (genauere Angaben waren mir nicht zugänglich).

Mikroskopischer Befund.

Blutausstrich (May - Grünwald, Giemsa, K - Methylgrün-Pyronin):

Sehr viel mittelgroße und große Myeloblasten, daneben auch kleinere Exemplare; einige schöne neutrophile Myelozyten und vereinzelte neutrophile Promyelozyten und Leukozyten; selten neutrophile Metamyelozyten, mehrfach schöne eosinophile Myelozyten und Leukozyten; zahlreiche Normoblasten, oft mit Karyorrhexis; keine Rieder-Formen und keine Megalozyten.

Knochenmark (Femurdiaphyse).

Ausstrich (May - Grünwald, Giemsa, K - Methylgrün-Pyronin):

Zahlreiche pyknotische Normoblasten und Myeloblasten, mäßig viel neutrophile Myelozyten, öfters mit schlecht färbbarer Granulation (Differenzierungshemmung?); Megakaryozyten und eosinophile Myelozyten wesentlich vermehrt; vereinzelte lymphozytäre Plasmazellen und sogenannte Übergangsformen, neutrophile Myelozyten mit partieller Granulierung; vereinzelte Mastmyelozyten.

Schnittpräparate: Zahlreiche runde Fettareolen und zwischen ihnen rötliches Zellgewebe, in welches zahlreiche dunkler gefärbte Zellkomplexe eingestreut sind; auch mehrere größere Gefäße mit zellreicher Adventitia und mäßig viel Erythrozyten im Lumen; vereinzelte Kapillaren.

Sichtliche Vermehrung der Megakaryozyten, eosinophilen Myelozyten und Erythroblasten, viele pyknotische kernhaltige Rote, mehrere Megaloblasten und Mikroblasten.

Myeloblasten in weit überwiegender Zahl; sie entsprechen betreffs Kern und Protoplasma den Zellen des Blutes; auch kleinere Myeloblasten ziemlich zahlreich.

Wenig eosinophile Leukozyten und vereinzelte lymphozytäre Plasmazellen, letztere z. T. perivaskulär; neutrophile Myelozyten quantitativ sehr reduziert, hie und da neutrophile Myelozyten-Mitosen; nicht selten neutrophile Myelozyten mit partiell granuliertem Protoplasma; kontinuierlicher Übergang perivaskulärer Myeloblasten- und Myelozytenlager in das umgebende Zellmark. Im ganzen ist der Aufbau des Marks ein lockerer, nirgends dicht gedrängte follikelartige Zellkomplexe; Myeloblasten, Myelozyten und Erythroblasten bunt durcheinandergewürfelt.

Diagnose: Myeloblastische Umwandlung des Markes, Vermehrung der Megakaryozyten (vielleicht im Zusammenhang mit der posthämorrhagischen Anämie?), Vermehrung der eosinophilen Myelozyten und der Erythroblasten (posthämorrhagische Hyperplasie?), starke Verminderung der neutrophilen Myelozyten; höchst wahrscheinlich Differenzierungshemmung der Myeloblasten durch bakteriotoxische Agentien. Aktive Proliferation dieser Zellgattung durch Einwirkung der gleichen Faktoren ist ebenfalls nicht unwahrscheinlich, möglicherweise bestehen beide Modi nebeneinander; die eben angedeutete Möglichkeit, d. h. also die aktive

Wucherung der Myeloblasten (besonders im Knochenmark), hat nach meiner Ansicht jedenfalls sehr viel für sich.

Milz.

Ausstrich (Giemsa, K-Methylgrün-Pyronin, Triazid):

Sehr zahlreiche Normoblasten, darunter auch polychromatische, pyknotische und karyorrhektische; vereinzelte Megalozyten und eosinophile Leukozyten, vorwiegend lymphoide Elemente (Pulpazellen, Lymphozyten, Myeloblasten, lymphozytäre und lymphoblastische Plasmazellen); ganz wenig neutrophile Leukozyten.

Schnittpräparate: Follikel an Zahl und Umfang reduziert und hie und da unscharf begrenzt; Keimzentren fehlen. Reticulum und Kapsel ohne Besonderheiten. Die Pulpagefäße heben sich nur undeutlich ab. Im Hilus-Fettgewebe extrakapsulär follikuläre Lymphozytenkomplexe mit vereinzelten lymphozytären Plasmazellen und wenigen Mastzellen.

Reticulumkerne der Follikel stäbchenförmig, z. T. auch blasig. In den Follikeln überwiegend kleine Lymphozyten, weniger Lymphoblasten und schöne lymphoblastische Plasmazellen; auch basophil punktierte Mitosen (wahrscheinlich Lymphoblasten). In der Randzone der Follikel vereinzelte pyknotische Normoblasten und auch Erythrozyten (myeloische Invasion!), sowie eosinophile Leukozyten und spärliche lymphozytäre Plasmazellen.

In den Pulpamaschen viele Myeloblasten, vereinzelte Megakaryozyten und sehr zahlreiche pyknotische und karyorrhektische orthochromatische und auch einige polychromatische Normoblasten. Die kernhaltigen Roten z. T. in den Reticulummaschen der Pulpa; nicht wenig eosinophile Myelozyten und Leukozyten. Ziemlich viel lymphozytäre Plasmazellen, z. T. in den Pulpavenen und venösen Kapillaren und auch peritrabekulär und in der Trabekularsubstanz von Balkenarterien. Neutrophile Myelozyten und Leukozyten ziemlich selten; ganz wenig Mastzellen, sehr zahlreiche Erythrozyten; nicht selten basophil punktierte Mitosen (wahrscheinlich Myeloblasten).

Diagnose: Intensive Erythropoese und ziemlich starke myeloblastische Umwandlung

der Milzpulpa mit mäßig zahlreichen Myelozyten; keine lymphatische Wucherung. Reduktion und myeloische Invasion der Follikel;
in den Follikeln lymphoblastische Plasmazellen; in der Pulpa eine nicht unbedeutende
Bildung lymphozytärer Plasmazellen; auch
solche in der Follikelperipherie; keine myeloische Infiltration der Kapsel, hingegen
kleine extrakapsuläre lymphozytäre Zellkomplexe. Für endotheliale Blutbildung
keine genügenden Anhaltspunkte.

Leber.

Schnittpräparate: Fast allgemeine Erweiterung der Pfortaderkapillaren und deutliche Vermehrung der intrakapillären
kernhaltigen Elemente (schwach leukämisches Blutbild). Venae
centrales ebenfalls erweitert und in der Umgebung derselben
häufig hämorrhagische Herde mit dissoziierten grünlich pig-
mentierten Leberzellen (kein Hämosiderin) und auch solche
Elemente in allen Stadien der Nekrose, auch pigmenthaltige
Bindegewebszellen und zahlreiche Erythrozyten.

Im interlobulären Bindegewebe einige Lymphozyten, lymphozytäre Plasmazellen und Mastzellen und in den größeren Pfortaderästen vereinzelte eosinophile Myelozyten und manchmal
mehrere neutrophile Myelozyten.

In den hie und da auch ausgebuchteten Pfortaderkapillaren
viele große, mittelgroße und kleine Myeloblasten, zahlreiche
Erythroblasten, darunter viele pyknotische und auch Megaloformen, vereinzelte lymphozytäre Plasmazellen und einige neu-
trophyle Promyelozyten; wenig eosinophile Myelozyten und
Leukozyten, auch vereinzelte basophil punktierte Normoblasten.

Diagnose: Schwach leukämisches Blutbild
in den Pfortaderkapillaren (zahlreiche Myeloblasten und Erythroblasten); intrakapilläre Hämatopoese sehr fraglich; keine extrakapilläre und interstitielle Blutbildung;
zahlreiche kleine Hämorrhagien.

Zusammenfassung: Myeloblastenleukämie; myeloblastische Umwandlung des Markes, Ver-

mehrung der Megakaryozyten, eosinophilen Myelozyten und Erythroblasten, starke Verminderung der neutrophilen Myelozyten. Myeloische Umwandlung der Milzpulpa mit vielen Normoblasten und Myeloblasten mit mäßig viel Myelozyten. Reduktion der Follikel; keine myeloische Infiltration der Kapsel, hingegen kleine extrakapsuläre Lymphozytenhäufchen; lymphoblastische Plasmazellen in den Follikeln; lymphozytäre Plasmazellen in der Pulpa und den Randzonen der Milzfollikel. Schwach leukämisches Blutbild der Leber (zahlreiche Myeloblasten und Erythroblasten intrakapillär), jedoch Hämatopoese der Leber sehr fraglich; zahlreiche kleine Hämorrhagien im Hepar.

H. Myelobasten-Leukämie.

35 Jahre alt. Blutbefund: 45 % Hämoglobin; 134 000 kernhaltige Zellen: Normoblasten $4\frac{3}{4}$ %. Megaloblasten 2 %. Neutrophile Myelozyten $5\frac{3}{4}$ %, eosinophile Myelozyten $3\frac{1}{4}$ %. Neutrophile Leukozyten $15\frac{3}{4}$ %, eosinophile Leukozyten $5\frac{1}{4}$ %. Große Myeloblasten $4\frac{3}{4}$ %, mittlere 5 %, kleine 52 %, Promyelozyten $1\frac{3}{4}$ %. Erythrozyten 2 294 000.

Guajakreaktion negativ.

Starke Anisozytose und Polychromasie; vereinzelt Reizungsformen. Früher mehr Promyelozyten (Dr. Naegeli).

Sektionsbefund.

Leber groß, Schnittfläche blaß, rötlich-gelb mit verwaschener Zeichnung, stecknadelkopfgroße weißrötliche Knötchen und zahlreiche punktförmige rötliche Herdchen eingestreut.

Herz: Kaum stecknadelkopfgroße grauweiße weiche Wärzchen an den Schließungslinien der Mitral- und der hinteren Aortenklappen; Herzfleisch sehr blaß. Hilusdrüsen nicht vergrößert.

Milz: 28 × 15 × 12; Gewicht 300 g. Kapsel streifig verdickt, Konsistenz derb. Schnittfläche in einer 2—4 cm breiten Randpartie blaßgelb, im übrigen blaß- bis dunkelrot, ohne erkennbare Zeichnung. Beide Femoralvenen durch einen gerippten Pfropf verschlossen.

Duodenum: Mehrere 10 cm große dunkelrote Blutungen nahe dem Pylorus.

Mesenterialdrüsen: Linsengroß, blaßrötlich, ebenso einzelne retroperitoneale Lymphdrüsen. Inguinaldrüsen blaßweiß von gleicher Größe.

Knochenmark: In den Wirbelkörpern und Rippen blaßrötlich, weich; Corticalis und Spongiosa in gewöhnlicher Entwicklung; linkes Femur nahe der oberen Epiphyse vorwiegend mit blaßrotem fettarmen Mark, in der Diaphyse etwa $^1/_5$ Fettmark. Schädel und Femur zeigen sehr dicke Compacta.

Anatomische Diagnose: Myeloische Leukämie mit sehr starker Hyperplasie von Milz und Leber. Ausgedehnte Infarzierungen der Milz. Endocarditis acuta verrucosa. Thrombose beider Schenkelvenen. Rötliches Knochenmark.

Mikroskopischer Befund.

Leber.

Schnittpräparate: Lebergewebe zerklüftet und z. T. zerstört durch leukämische Zellanhäufungen, welche sich hauptsächlich in den peripheren Partien der Pfortaderkapillaren entwickeln. Die Leberzellenbalken stellenweise enorm komprimiert und zerstört und in den leukämischen Zellaggregaten nur noch in Form vereinzelter dissoziierter Leberzellen vorhanden. Das interlobuläre Bindegewebe stellenweise ohne leukämische Infiltrate; an andern Stellen streifenförmig leukämische Zellkomplexe, welche zwischen die Leberzellenbalken vordringen. In andern Gewebsbezirken fast normale Lobuli und in den Kapillaren keine große Zahl weißer Blutzellen; in manchen Leberzellen gelbes körniges oder gelblich-grünes tropfiges Pigment.

Die erwähnten leukämischen Zellaggregate (Myelozytome und Myeloblastome) zeigen meist Diskontinuität der Kapillarwände und enthalten intra- und höchstwahrscheinlich auch extrakapillär v o r w i e g e n d M y e l o b l a s t e n , bedeutend weniger neutrophile und eosinophile Myelozyten und eosinophile

Leukozyten, nicht wenige Erythrozyten und vereinzelte Erythroblasten, darunter auch Megaloblasten, ab und zu auch Megakaryozyten und ziemlich große ein- und zweikernige lymphozytäre Plasmazellen. Auch Zwischenformen zwischen Myeloblasten und Myelozyten (Promyelozyten) sind vorhanden.

Manche dieser Myelozyto-Myeloblastome rekrutieren sich vorwiegend aus Myeloblasten oder aus eosinophilen Myelozyten und Leukozyten, nicht selten sind Mischformen beider Zelltypen. In Myeloblastomen sind ziemlich häufig basophil getüpfelte Mitosen (höchstwahrscheinlich von Myeloblasten).

Im interlobulären Bindegewebe kleine pericholangiale Ansammlungen von Lymphozyten, lymphozytären Plasmazellen und eosinophilen Leukozyten in regelloser Vermischung. In den Ästen der Art. hepatica leukämischer Befund im Gegensatz zu den größeren Ästen der Pfortader.

In den extranodulären Bezirken der portalen Kapillaren ziemlich viele Erythroblasten und Myeloblasten und ab und zu auch lymphozytäre Plasmazellen. In den Zentralvenen hie und da auch viele kernhaltige unreife Blutelemente.

In andern Präparaten zeigt die Leber ein Bild wie bei stärkerer Leukozytose.

Kapsel sehr kernreich und Zellen sehr abgeplattet.

Diagnose: Intensivste intra- und höchstwahrscheinlich auch extrakapilläre Bildung von Myeloblasten und Myelozyten bis zur Entwicklung von Myeloblastomen und Myelozytomen unter Zerstörung des Lebergewebes; intra- und höchstwahrscheinlich auch extrakapilläre Erythropoese. Geringe adventitielle myeloische Formationen im interlobulären Gewebe. Übergangstypen zwischen Kapillarendothelien und unreifen myeloischen Elementen sind nicht mit Sicherheit nachzuweisen. Diskontinuität der Kapillarwände; Pericholangitis. Vielleicht endotheliale Hämatopoese der Pfortaderkapillaren; außerdem Vermehrung der unreifen myeloischen Elemente durch Mitose; geringe extravaskuläre Leukopoese im interlobulären Bindegewebe. Keine Lymphome in der Leber. Ausgangspunkt der intralobulären und extrakapillären Blutbildung sind am wahrscheinlichsten die sehr spärlichen Bindegewebszellen der Kapillaradventitia, vielleicht aber auch die Endothelien der Pfortaderkapillaren; auch Retention und Wucherung eingeschwemmter unreifer myeloischer Elemente könnte event. neben der autochthonen Leukopoese eine geringe Rolle spielen.

Lymphdrüsen.

Schnittpräparate: Struktur ziemlich verwischt; Follikel in Rinde und Mark meist sehr undeutlich. Die Markfollikel imponieren nur noch als vereinzelte kleine unregelmäßig begrenzte Komplexe kleiner dunkelkerniger Lymphozyten und die Rinde als diffuses lymphatisches Gewebe von lockerem Aufbau wie die Markstränge. Markstränge diffus verbreitert und infolge der dadurch bedingten Einengung der Sinus nicht mehr deutlich abgrenzbar: letztere stellenweise nicht mehr zu sehen oder nur noch als schmale Spalten vorhanden. Wenige Trabekel.

Kapsel und perikapsuläres Gewebe an verschiedenen Stellen in Form kleiner Streifen infiltriert; Randsinus wenig zellreich. In den zentralen Markpartien ein größerer gefäßreicher Bezirk jungen Bindegewebes, z. T. durch Lymphsinus vom umgebenden Gewebe geschieden; ähnliche kleine Bezirke auch im übrigen Mark.

Bei Immersion ist die Kapsel stellenweise mit relativ spärlichen Lymphozyten, ziemlich reichlichen lymphozytären Plasmazellen und Zwischenformen beider infiltriert, und zwar ab und zu perivaskulär; hie und da auch größere atypische Lymphozyten (schmales, stark basophiles Protoplasma und großer chromatinreicher Kern); auch Infiltration der Trabekel mit lymphozytären Plasmazellen.

In den Randsinus wenige Lymphozyten, einige eosinophile Leukozyten, selten Mastzellen und größere atypische Lymphozyten. In den ganz vereinzelten rudimentären und atypischen Rindenfollikeln vorwiegend kleine dunkelkernige Lymphozyten, nicht wenige lymphozytäre Plasmazellen, mehrere eosinophile Leukozyten, ganz vereinzelte eosinophile und neutrophile Myelozyten, einige größere atypische Lymphozyten und (Lymphozyten- ?) Mitosen. In den peripheren Follikelzonen der Rinde, Gefäße mit zahlreichen eosinophilen Myelozyten und Leukozyten und Myeloblasten; ganz selten sind Megaloblasten perivaskulär in der Nähe der Rindenfollikel. Auffällig ist die nicht seltene räumliche Koordination größerer atypischer Lymphozyten mit Häufchen von lymphozytären Plasmazellen, z. B. in den peripheren Follikelzonen bzw. deren Umgebung. In diesen in Umwandlung in Markstranggewebe bzw. in Atrophie begriffenen Follikeln ziemlich viele Gefäße (Kapillaren und kleine Venen) mit neutrophilen und eosinophilen Leukozyten und Erythrozyten; in diesen Bezirken auch vereinzelte lymphozytäre Plasmamastzellen und Myeloblasten.

Einige rudimentäre Markfollikel enthalten ebenfalls eosinophile Myelozyten und Promyelozyten und Leukozyten sowie Myeloblasten und vereinzelt Megakaryozyten, außerdem überwiegend kleine dunkelkernige Lymphozyten. An der Peripherie solcher Follikel hypernormale Zahl von Gefäßen, welche in der Begleitung zahlreicher lymphozytärer Plasmazellen und mehrerer Myeloblasten gegen das Follikelinnere vordringen; in den letzteren (d. h. Follikeln) auch lymphozytäre Plasmazellen mit hyaliner Kugel im Protoplasma. Charakteristisch für die rudimentären atypischen Rinden- und Markfollikel ist der lockere Bau, die stärkere Vaskularisation und das Auftreten von Markstrangelementen.

Markstränge stark verbreitert, locker gebaut, von ziemlich vielen Gefäßen durchzogen und durch relativ wenige schmale Sinus getrennt. In den Markstrangmaschen relativ wenige wenige kleine und größere Radkernlymphozyten; ziemlich viele lymphozytäre Plasmazellen und Zwischenformen beider; einige lymphozytäre Plasmamastzellen manchmal perivaskulär; nicht wenige Myeloblasten und vereinzelte Megakaryozyten und Mitosen größerer lymphoider Zellen. An Markstranggefäßen hie und da kleine perivaskuläre Lager von Myeloblasten und eosinophilen Promyelozyten, sowie auch kleinere Komplexe von neutrophilen und eosinophilen Myelozyten und Leukozyten und vereinzelte lymphozytäre Plasmamastzellen; im Lumen dieser Gefäße einige eosinophile und neutrophile Myelozyten sowie Zwischenformen größerer Radkernlymphozyten zu lymphozytären Plasmazellen. In kleinen Venen und (venösen ?) Kapillaren in Mark und Rinde sind manche Endothelien sehr voluminös, rund oder oval und scheinen sich nicht selten in das Lumen abzulösen; eine eventuelle Beziehung dieser Endothelien zur Blutbildung ist nicht ganz außer dem Bereich der Möglichkeit, doch auch nicht mit Sicherheit zu erkennen. Ganz vereinzelt Normoblasten und ab und zu eosinophile Riesenleukozyten in Markstranggefäßen, vereinzelt subendotheliale Mitosen.

Manche Lymphsinus ohne deutlichen Endothelbelag; im Lumen wenige Zellen: Reticulumzellen, relativ viel kleine Radkernlymphozyten und Zwischenformen zu lymphozytären Plasmazellen, einige neutrophile und eosinophile Leukozyten und eosinophile Metamyelozyten und größere Radkernlymphozyten, wenige Myeloblasten, lymphozytäre Plasmazellen perivaskulär um intrasinuöse Gefäße, auch einige Mitosen großer lymphoider Zellen; manchmal zahlreiche ziemlich große lymphozytäre Plasmazellen und deren Übergänge zu großen Radkernlymphozyten; wenig neutrophile Myelozyten (zentrale Sinus), auch vereinzelte Megakaryozyten.

Ungefähr im Zentrum der Drüse ein ziemlich großer gefäßreicher Bindegewebsbezirk mit ziemlich vielen Fibroblasten, größeren und kleineren Lymphozyten, ab und zu auch Ansammlungen von lymphozytären Plasmazellen sowie von Zwischenformen beider; auch lymphozytäre Plasmamastzellen in nicht geringer Zahl.

In diesem Granulationsgewebe reichlich kleine und größere Blutgefäße mit ziemlich vielen eosinophilen und neutrophilen Myelozyten und Leukozyten im Lumen. Die Endothelien der kleineren Gefäße (Kapillaren und kleine Venen) zeigen ziemlich häufig voluminöse Kerne (kugelig und oval).

Diagnose: Mäßige myeloische Metaplasie der Markstränge und myeloische **Invasion** der Follikel mit Reduktion derselben; in den Sinus unreife myeloische Elemente, Lymphozyten und Plasmazellen. Infiltration der Kapsel mit Plasmazellen und Lymphozyten. Ziemlich starke Plasmazellenbildung in Marksträngen und geringer in den Follikeln; ausgedehnte Entwicklung von Granulationsgewebe in den zentralen Markpartien. Myeloische Metaplasie extravaskulär (z. T. adventitiell) vorwiegend in den Marksträngen; vielleicht auch in den Sinus (gering); chronische Lymphadenitis. Keine myeloische Infiltration der Kapsel.

Das etwas auffällige Verhalten vieler Follikel, welches wohl kaum überall nur als sogenannte „konzentrische (Druck-) Atrophie" aufgefaßt werden kann, ist möglicherweise bedingt durch die Interferenz bzw. Summation eines mäßigen myeloischen Wucherungsprozesses in den Marksträngen einerseits und einer ebenfalls von hier ausgehenden entzündlichen Proliferation (Plasmazellen, größere atypische Lymphozyten) anderseits. Durch diese Interferenz- bzw. Additionseffekte wird in manchen Follikeln mehr der Eindruck einer sukzessiven Umwandlung in Markstranggewebe hervorgerufen, welchen Prozeß ich unten (großzellige lymphatische Leukämie) als „**markstrangartige Metamorphose**" der Follikel bezeichnet habe, welchem aber andere histogenetische Verhältnisse zugrunde liegen. Es handelt sich also hier höchstwahrscheinlich, wenigstens zum Teil, um eine Kombination von Follikelatrophie durch myeloische Markstrangwucherung und zum größeren Teil um eine Umwandlung in Markstranggewebe infolge granulomatöser Wucherungen.

Knochenmark.

Schnittpräparate: Einige Präparate vorwiegend Fettmark, andere fast nur Zellmark. Perivaskulär nicht selten myeloische Herde, welche ins Fettgewebe ausstrahlen; auch myeloische Komplexe ohne ersichtliche Beziehung zu Gefäßen; keine follikesartigen Bildungen von engmaschigem geschlossenem Aufbau.

Bei Immersion: Lockere Textur; in das Reticulum eingestreut: zahlreiche Myeloblasten aller Größen, nicht wenige neutrophile und eosinophile Myelozyten, Normoblasten und vereinzelte Megaloblasten; die erwähnten Zellgattungen sind nicht selten jede für sich zu kleineren Komplexen angeordnet, allerdings mit Beimischung vereinzelter anderer myeloischer Elemente; Phagozyten häufig, vereinzelte Plasmazellen und Megakaryozyten; keine Lymphfollikel oder diffuse dichte lymphatische Proliferation. Die eosinophilen Myelozyten- und Leukozytenkomplexe sind relativ häufig perivaskulär angeordnet.

Diagnose: Vorwiegend myeloblastisch-myelozytisches Zellmark; mäßige Erythropoese, keine lymphatische Wucherung; zelluläre Phagozytose; einzelne Plasmazellen.

Zusammenfassung: Intensivste intra- und wahrscheinlich auch extrakapilläre Hämatopoese der Leber (Bildung myeloischer knötchenförmiger Zellkomplexe). Mäßige myeloische Metaplasie in Lymphdrüsen, besonders in den Marksträngen, myeloische Invasion der Follikel und Atrophie bzw. Umwandlung derselben; in den Sinus auch unreife myeloische Zellen; ziemlich starke Plasmazellenbildung und Entwicklung von Granulationsgewebe in der Drüse (chronische Lymphadenitis). Vorwiegend myeloblastisch-myelozytäres Knochenmark, mäßige Erythropoese, keine lymphatische Wucherung im Mark.

Anaemia pseudoleukaemica infantum.

(Jaksch-Hayem.)

Der Fall wurde von W. Furrer[1]) in seiner Dissertation beschrieben und muß bezüglich der klinischen und pathologisch-anatomischen Details darauf verwiesen werden.

---

[1]) W. Furrer, Beiträge zur Kenntnis der Anaemia pseudoleukaemica infantum. Inaug.-Diss. Zürich 1907.

In der folgenden Untersuchung sollen nur die feineren histologischen Veränderungen besonders nach der Richtung der myeloischen Metaplasie in einer Lymphdrüse beschrieben werden.

Der Blutbefund des 9-monatigen Knaben K. M. war bei der ersten Untersuchung folgender: Hämoglobin 25 %. Erythrozyten: 792 000. Färbeindex: 1,5. Leukozyten 24 000. Myelozyten 0,32 %; Neutrophile 33,61 %, Eosinophile 1,15 %; Übergangsformen 6,72 %; Lymphozyten 58,20 %. Mehrfache Beobachtung von Megalozyten; 13½ % Erythroblasten, Megaloblasten ca. 1 %.

Während der Beobachtung nahm die Zahl der Weißen und kernhaltigen Roten progressiv ab bis auf 4700 (4 Monate ante exitum).

Anatomische Diagnose (Prof. Wyß): Progressive Anämie (sogenannte perniziöse der Kinder). Starke Herzhypertrophie, einzelne atheromatöse Einlagerungen in Herzklappen und Gefäßen; alte pleuritische Adhäsionen beiderseits; kleine frische lobulär-pneumonische Herde. Starker Milztumor. Milzähnliche Umwandlung der Drüsen am Hals und am Mesokolon, nicht der Mesenterialdrüsen. Enteritis follicularis des ganzen Kolons.

Lymphdrüse.

Schnittpräparate: Kapsel und perikapsuläres Gewebe nicht leukämisch infiltriert. Randsinus hebt sich fast durchweg deutlich von der Kapsel ab. Rindenfollikel nur stellenweise deutlich, z. T. mit kleinen Keimzentren; Markfollikel sehr deutlich, Sinus in einem großen Teil der Drüse sehr weit und die Markstränge schmal; ein kleineres Drüsenterritorium läßt fast nur vergrößerte Follikel und verbreiterte Markstränge und schmale spaltraumartige Sinus erkennen.

Bei Immersion in der zarten Kapsel kleine Lymphozyten, ganz vereinzelt eosinophile Myelozyten und Mastzellen, diese z. T. perivaskulär (lymphozytäre Plasmamastzellen), auch lymphozytäre Plasmazellen.

In den Randsinus zahlreiche Lymphozyten, Erythrozyten, Normoblasten, neutrophile Leukozyten, desquamierte Sinusendothelien, vereinzelte eosinophile Myelozyten und Leukozyten und Myeloblasten, auch größere atypische Lymphozyten (sehr chromatinreicher Kern und stark basophiles Protoplasma); auch polychromatische Erythrozyten mit feiner basophiler Punktierung im Zentrum und peripherischen Kernresten; ab und zu auch lymphozytäre Mastplasmazellen.

In einzelnen der Rindenfollikel kleine Keimzentren mit vereinzelten basophil punktierten Lymphoblasten- und Lymphozytenmitosen; in den intermediären und peripheren Follikelzonen kleine dunkelkernige und meist etwas größere hellkernige Lymphozyten und wenige typische Lymphoblasten; in den Keimzentren außer einigen Lymphoblasten ziemlich viele Reticulumzellen, einige kleine dunkelkernige Lymphozyten in Begleitung arterieller Kapillaren; keine lymphozytären Plasmazellen und Plasmamastzellen in den Rindenfollikeln. Die Endothelien mancher (arter.) Follikelkapillaren sehr voluminös, oval oder rund.

Die Markfollikel sind in jenem Teil der·Drüse bedeutend reduziert, welcher erweiterte Sinus und schmale Markstränge besitzt, während jener Bezirk der Drüse, welcher nur ganz schmale Sinus erkennen läßt, vergrößerte Follikel mit ziemlich großen Keimzentren und verbreiterten Marksträngen aufweist; in den peripheren Partien mancher (hyperplastischer) Markfollikel einige basophil punktierte (Lymphozyten- ?) Mitosen. Die vergrößerten Markfollikel entsprechen in ihrer zellulären Zusammensetzung jener der gut erhaltenen Rindenfollikel, nur erkennt man ab und zu etwas größere Keimzentren. Die an Größe reduzierten Markfollikel zeigen keine Keimzentren und bestehen vorwiegend aus chromatinärmeren Lymphozyten, welche die kleinen chromatinreichen Lymphozyten etwas Weniges an Größe übertreffen.

In den Reticulummaschen der verschmälerten Markstränge nicht wenig Mastzellen (lymphozytäre Plasmamastzellen) und lymphozytäre Mastzellen [1]) z. T. perikapillär; nicht sehr viel Myeloblasten, manchmal in kleinen Häufchen beisammen; wenige Erythroblasten; sehr viele mittelgroße und große lymphozytäre Plasmazellen, welche häufig mächtige Lager in den verschmälerten Marksträngen bilden und nicht selten unmittelbar den Gefäßen anliegen; darunter zwei- und dreikernige Elemente; auch häufig

---

[1]) Ich habe diese Zellart deshalb so bezeichnet, weil ich sie direkt von den Lymphozyten ableite.

zahlreiche helle Lücken in ihrem Protoplasma; ferner ziemlich viele kleine dunkelkernige Lymphozyten und eosinophile Myelozyten, von letzteren einige in Mitose; auch einige eosinophile Leukozyten, mäßig viele neutrophile Myelozyten, einige z. T. basophil punktierte Normoblasten-Mitosen, und ebensolche auch in Markstrangvenen; in letzteren auch vereinzelte Myeloblasten. Erythrozyten spärlich in den Maschen der Markstränge und Megaloblasten ganz vereinzelt, auch nicht selten basophil punktierte Mitosen lymphoider Zellen.

Die oben erwähnten lymphozytären Plasmazellenlager in den verschmälerten Marksträngen gehen z. T. in Begleitung der interfollikulären Sinus bis an den Randsinus heran.

In der Wand von Markstranggefäßen (meist kleine Venen und venöse Kapillaren) nicht selten kleine dunkelkernige Lymphozyten, oft direkt unter dem Endothel, die Endothelien selbst häufig sehr voluminös, bläschenförmig.

Die verbreiterten Markstränge enthalten sehr wenig lymphozytäre Plasmazellen und Mastzellen (Gegensatz zu den schmalen Marksträngen!), entschieden mehr Normoblasten und weitaus überwiegend kleine hell- und dunkelkernige Lymphozyten und gar nicht selten größere, atypische Lymphozyten; daneben auch ziemlich viele eosinophile Myelozyten und vereinzelte neutrophile; auch ab und zu Leukozyten (eosinophile und neutrophile).

In den intermediären und kavernösen Sinus sehr viele Erythrozyten, ziemlich viele Erythroblasten, auch Megaloblasten und basophil punktierte sowie karyorrhektische kernhaltige Rote; vereinzelte Megaloblasten mit zwei gleich großen Kernen; ziemlich viele neutrophile Leukozyten, nicht wenige neutrophile Myelozyten, vereinzelte eosinophile Myelozyten, ab und zu Myeloblasten, vereinzelte lymphozytäre Plasmazellen, ab und zu lymphozytäre Plasmamastzellen, nicht selten lymphozytäre Mastzellen, ebensolche sowie lymphozytäre Plasmazellen in der Adventitia intrasinuöser Gefäße und auch einige basophil punktierte Mitosen; in den Sinus ganz selten Megakaryozyten und retikuläre Phagozyten, z. T. mit inkorporierten Erythrozyten. In der Wand in intrasinuösen Gefäßen finden sich kleine Lymphozyten und lymphozytäre Plasmazellen bis dicht unter das Endothel bunt durcheinander.

Es finden sich also zahlreicher in den

Sinus:
  Neutrophile Myelozyten,
  Erythroblasten,
  Mastzellen,
  Erythrozyten;

schmalen Marksträngen:
  Lymphozytäre Plasmazellen,
  Eosinophile Myelozyten;

breiten Marksträngen:
  Kleine Lymphozyten,
  Erythroblasten,
  Eosinophile Myelozyten.

Diagnose: Ziemlich starke myeloische Metaplasie der Lymphdrüse; hauptsächlichste Erythropoese intrasinuös; stärkste Leukopoese in den Marksträngen. Erweiterung der Sinus und korrelative Verschmälerung der Markstränge mit Reduktion der Mark- und Rindenfollikel und starker Plasmazellenbildung in den schmalen Marksträngen. Vikariierende Hyperplasie der Follikel und Verbreiterung der Markstränge mit konsekutiver Verschmälerung der Sinus in einem kleineren Teil der Drüse, minimalste Plasmazellenbildung in den verbreiterten Marksträngen. Keine Plasmazellenbildung in den Follikeln und auch keine Hämatopoese in denselben. Kapsel nicht myeloisch infiltriert, sondern durchsetzt mit mäßig viel lymphozytären Plasmazellen und kleinen Lymphozyten; chronische Lymphadenitis. Für endotheliale Hämatopoese keine sicheren Anhaltspunkte. Es ist möglich, daß ein Teil der Markstrangerythroblasten in die Sinus einwandert und sich dort der definitiven Reifung überläßt, wofür vielleicht auch der größere Gehalt der Sinus an Erythrozyten verwertet werden darf, anderseits ist die Wahrscheinlichkeit der Einschwemmung dieser Elemente durch die Vasa afferentia eine ziemlich große. Zwischen Follikel und Markstrang-Hyperplasie (in Lymphdrüsen) mit Entwicklung von Keimzentren in ersteren besteht mit großer Wahrscheinlichkeit eine Relation im Sinne der Abhängigkeit der letzteren von primär in Erscheinung tretender Follikel-Hyperplasie. Die Existenz eines koordinierten Verhältnisses der beiden Phänomene ist weniger wahrscheinlich.

K. Chronische myeloische Leukämie.

37 Jahre. Typisches Blutbild mit vielen neutrophilen und eosinophilen Myelozyten; relativ wenig ungranulierte Knochenmarkszellen bei hochgradiger Leukozytose. Tod durch Hirnblutung sehr akut.

Auszug aus dem Sektionsprotokoll.

Sternum: helles graugeflecktes Knochenmark. Milz: sehr fest adhärent, muß herausgeschält werden; Organ ungeheuer groß, $35,5 \times 20 \times 7,5$. Gewicht 3815 g; Kapsel pergamentartig, Schnittfläche konsistent; Randpartien hämorrhagisch fleckig, rotgrau, keine deutliche Zeichnung.

Leber: sehr stark vergrößert; Gewicht: 4517 g. Leberdurchschnitt: lobuläre Zeichnung deutlich, netzförmig angeordnete leukämische Herde mit Knotenpunkten, aber niemals größere Knötchen. Portaldrüsen etwas vergrößert und hell, rahmgelb. Knochenmark der Rippen, der Femora und Wirbel pyoid graugelb.

Da nur Knochenmark, Milz und Leber zur Besprechung kommen, muß auf die Wiedergabe des gesamten Sektionsprotokolles verzichtet werden und verweise diesbezüglich auf die Arbeit von Fabian, Naegeli und Schatiloff, Virch. Arch., Bd. 190, 1907.

Knochenmark.

Schnittpräparate: Enorm zellreiches Organ (Zellmark) von lockerem Aufbau, dessen zelluläre Elemente sich gegenseitig stark abplatten. Zahlreiche Kapillaren und mehrere größere Arterien, letztere voll myeloischer Zellen; zahlreiche weite venöse Sinus;

die intravaskulären Zellen sind nicht abgeplattet. Fettareolen ziemlich spärlich.

In den venösen Kapillaren (nicht selten weite sinuöse Räume mit Ausbuchtungen) ziemlich viele Normoblasten, darunter nicht wenige mit basophilem Protoplasma und auch pyknotische Typen; viele neutrophile Myelozyten, Leukozyten und Metamyelozyten; ziemlich häufig Megakaryozyten, z. T. in Häufchen beisammen; mäßig viel Erythrozyten; hie und da Zellen mit rosettenartigem Kern, ganz vereinzelte Normoblastenmitosen mit basophiler Punktierung und leichter Polychromasie; Myeloblasten relativ wenig; typische Megaloblasten sehr selten; eosinophile Myelozyten etwas vermehrt, selten in Mitose; eosinophile Leukozyten ebenfalls etwas vermehrt.

Mastzellen nicht nachweisbar. Manche venöse Kapillaren zeigen schmale spindelförmige und große runde oder ovale Endothelien, letztere meist mit spärlichem feinst verteilten Chromatin und häufig 1—2 kleinen Nukleolen, aber auch Typen, welche mit dem Myeloblastenkern gewisse Ähnlichkeit besitzen; häufig ist das Endothel zwischen 2 Endothelkernen unterbrochen und scheint ein Einwandern von myeloischen Zellen stattzufinden; manchmal ist die Endothelwand durch Komplexe myeloischer Zellen (meist Weiße) nach dem Lumen eingebuchtet, welche offenbar im Begriffe stehen, in das Gefäßlumen einzudringen.

Reticulum zart und spärlich.

Im Parenchym meist neutrophile Myelozyten und nicht wenige Leukozyten; zahlreiche eosinophile Myelozyten und Leukozyten; Mastzellen nicht nachweisbar (Fixierung?); Megakaryozyten ziemlich zahlreich, sowohl extra- als intrakapillär oft unmittelbar der Kapillarwand anliegend; in ihrem Protoplasma häufig inkorporierte neutrophile Leukozyten. Normoblasten und Megaloblasten ziemlich selten; Myeloblasten ziemlich spärlich. Keine Lymphozyten und Plasmazellen. Das Protoplasma mancher Megakaryozyten zeigt feine Fortsätze, welche mit dem Reticulum in Verbindung zu stehen scheinen.

Diagnose: Myelozytäre Hyperplasie und leichte Vermehrung der Megakaryozyten; Erythropoese vorwiegend intrakapillär, extrakapillär gering; Leukopoese weitaus vorwiegend extravaskulär, intrakapillär gering. Keine lymphatischen Formationen; Erythropoese im ganzen sehr spärlich im Verhältnis zur Leukopoese. Endotheliale Hämatopoese möglich, aber nicht sicher zu beweisen.

Milz.

Schnittpräparate : Struktur verändert; Follikel ganz selten in kümmerlichen Resten nachweisbar und unscharf begrenzt. Follikulararterie leicht hyalin.

Trabekel bedeutend reduziert (durch myeloische Infiltration derselben) und ebenfalls leicht hyalin; vereinzelte gefäßführende Trabekel mit multipler herdweiser myeloischer „Infiltration" der Trabekularsubstanz; Kapsel etwas verdickt und arm an Bindegewebskernen.

Reticulum deutlich entwickelt und leicht verdickt. Manche Reticulumzellen zeigen bläschenförmige ovale oder runde Kerne und zahlreiche kleine ziemlich regelmäßig verteilte Netzknoten, 1—2 kleine Kernkörperchen, scharfe dünne Kernmembran.

In die Maschen des Pulpareticulums eingelagert massenhaft myeloische Zellen: enorm viele eosinophile Myelozyten (auch Riesenmyelozyten) und Leukozyten; sehr viele neutrophile Myelozyten und auch Leukozyten ; ziemlich viel pyknotische Normoblasten, ab und zu auch Megaloblasten, vereinzelt in Mitose. Megakaryozyten selten, Mycloblasten in geringer Zahl; lymphozytäre Plasmazellen selten; Lymphozyten nur in den seltenen rudimentären Follikeln zu finden. Mastzellen nicht auffindbar, Erythrozyten in mäßiger Zahl.

In den venösen Kapillaren und Pulpavenen massenhaft unreife myeloische Elemente: ziemlich viele Normoblasten, vereinzelte Megaloblasten; zahlreiche Myelozyten und Leukozyten; vereinzelte Elemente vom Charakter der Endothelien und Erythrozyten in mäßiger Menge. Endothelzellen der venösen Kapillaren nicht selten bläschenförmig; von vielen Pulpakapillaren sind nur kleine Bruchstücke (oft nur einseitig) der Endothelmembran sichtbar. Es dürfte sich bei diesem Phänomen vielleicht um Gefäßendothelbildung aus bindegewebigen Stromaelementen handeln, welche eventuell der myeloischen Metaplasie parallel geht, falls diese Erscheinung nicht durch endotheliale Hämatopoese zustande kommt. Adventitia und trabekuläre Umhüllung größerer Gefäße meist stark myeloisch „infiltriert" und deshalb nicht sehr leicht erkennbar.

In den Bindegewebszellen der zentralen Kapselschichten und in den Reticulumzellen der subkapsulären Pulpazone (perinukleär) liegt häufig goldgelbes körniges eisenhaltiges Pigment; letzteres auch frei zwischen den Bindegewebsfibrillen der Kapsel.

In den sehr seltenen kümmerlichen Follikeln keine Myelozyten, hingegen vereinzelte neutrophile Leukozyten; Abgrenzung dieser Follikel unscharf, die an der Follikelperipherie gelegenen Lymphozyten im Zustand des Zerfalls.

Diagnose : M y e l o i s c h - l e u k ä m i s c h e M i l z; m y e l o i s c h e H y p e r p l a s i e d e r P u l p a, A t r o p h i e d e r F o l l i k e l, H ä m o s i d e r o s i s; l e i c h t e H y p e r - p l a s i e d e s R e t i c u l u m s; e n o r m e e x t r a k a p i l - l ä r e L e u k o p o e s e u n d E r y t h r o p o e s e i n d e n M a s c h e n d e s P u l p a r e t i c u l u m s; w a h r s c h e i n - l i c h a u c h i n t r a k a p i l l ä r e H ä m a t o p o e s e i n d e n v e n ö s e n K a p i l l a r e n u n d v i e l l e i c h t a u c h i n d e n P u l p a v e n e n. E n d o t h e l i a l e L e u k o - u n d E r y t h r o p o e s e (v e n ö s e K a p i l l a r e n) n i c h t a u s - z u s c h l i e ß e n, d o c h a u c h n i c h t z u b e w e i s e n. K e i n e m y e l o i s c h e I n f i l t r a t i o n d e r K a p s e l.

Leber.

Schnittpräparate : Struktur etwas verändert durch vorwiegend intralobuläre kleinere und größere Zellanhäufungen von häufig knötchenförmiger Gestalt; seltener sind kleinere und mehr streifenförmige perivaskuläre Zellansammlungen im G l i s s o n - schen Gewebe. Lobuläre Zeichnung deutlich; Acini infolge ziemlich erheblicher Erweiterung der Pfortaderkapillaren und dadurch bedingter Verschmälerung der Trabekel vergrößert.

In den erweiterten Pfortaderkapillaren zahlreiche neutrophile Myelozyten und Leukozyten; ganz vereinzelte Normoblasten; selten neutrophile Myelozytenmitosen; eosinophile Zellen spärlich. Die erwähnten intralobulären knötchenförmigen Zellaggregate beginnen sich häufig in den peripheren und intermediären Zonen der Lobuli zu entwickeln und bringen am Ort ihrer Bildung die Leberzellenbalken (durch Druck) unter den Erscheinungen der fettigen Metamorphose und des körnigen Zerfalls zum manchmal vollständigen Schwund. In manchen dieser Zellanhäufungen schwinden auch die Kapillarwände zum größten Teil, während dieselben wieder in andern noch leidlich erhalten sind. Infolge Atrophie der Trabekel legen sich die anliegenden Kapillarmembranen häufig aneinander; öfters ist die Kapillarwand von den Leberzellenbalken abgehoben. Die erwähnten Myelozyto-Leukozytome zeigen z. T. ein feines Netzwerk, in dessen Maschen die Myelozyten und Leukozyten liegen. Diese Maschen werden durch Pfortaderkapillarwände und z. T. vielleicht auch durch Fasern der Kapillaradventitia gebildet; auch nicht wenige dissoziierte Leberzellen liegen in diesen Myelozytomen. In den atrophischen Leberzellen und in den Endothelien der Kapillaren grünlich-gelbes körniges Pigment.

Im interlobulären Bindegewebe ganz vereinzelt lymphozytäre Plasmazellen und ebensolche vereinzelt in den Kapillaren. In den interlobulären Pfortaderästen sehr wenig weiße Zellen, aber zahlreiche Erythrozyten. Vereinzelte neutrophile Myelozyten und Leukozyten auch im interlobulären Bindegewebe. In unmittelbarer Umgebung der Vena centralis nicht selten Zerfall von Leberzellen. In den Venae sublobulares ziemlich viel neutrophile Myelozyten und Erythrozyten und wenige neutrophile Leukozyten.

Diagnose: Myeloisch - leukämische Leber; intrakapilläre und höchstwahrscheinlich auch extrakapilläre Leukopoese in den Myelozytomen der Lobuli; sehr minimale interlobuläre Leukopoese; endotheliale Abstammung der unreifen myeloischen Elemente in den intralobulären knötchenförmigen Zellanhäufungen möglich, nicht ausgeschlossen erscheint mir jedoch eine Entstehung aus den beim Erwachsenen sehr spärlichen perikapillären Bindegewebszellen. Retention und Proliferation eingeschwemmter Elemente nicht ausreichend zur Erklärung der intralobulären Blutbildung. Stellenweise geringe myeloische Infiltration der Leberkapsel. Keine Lymphome.

Zusammenfassung: Chronische myeloische Leukämie. **Myeloisch-leukämisches Zellmark,** Erythropoese gering und vorwiegend intrakapillär, Leukopoese sehr stark und weitaus überwiegend extravaskulär, intrakapillär gering. **Myeloisch-leukämische Milz,** myeloische Hyperplasie der Pulpa, Atrophie der Follikel, keine myeloische Infiltration der Kapsel. **Myeloisch-leukämische Leber,** Bildung knötchenförmiger Myelozyto-Leukozytome intralobulär und vorwiegend intrakapillär, zum kleineren Teil wahrscheinlich auch extrakapillär. Interlobuläre extravaskuläre Leukopoese minimal; Erythropoese ganz gering.

W. Chronische großzellige lymphatische Leukämie.

Betreffs der klinischen Details und der verschiedenen histologischen Befunde muß ich auf die Schilderung von Studer (Winterthur) verweisen, da hier nur eine Lymphdrüse ausführlicher beschrieben werden soll.

Zur Erleichterung des Verständnisses sei jedoch einer der wiederholt aufgenommenen Blutbefunde und das Sektionsprotokoll wiedergegeben.

Hämoglobin (Sahli) 69 %; Erythrozyten 2 815 000. Leukozyten 248 000 (75 % vorwiegend große Lymphozyten; 20 % Leukozyten; auch eosinophile; 3 % Myelozyten; 2 % Basophile; einzelne Normoblasten; Rote normal).

Sektionsprotokoll: Riesiger Milztumor 33 : 22 : 9½, schwer, hart, mit mehreren über fünffrankstückgroßen anämischen Infarkten. Zeichnung verwischt; einige deutliche Trabekel. Parietales Bauchfell verdickt, infiltriert, mit kleineren Blutungen. Dilatiertes Herz voll rotbrauner Gerinnsel und bräunlichen Blutes, in der Muskulatur Lymphombildungen; auch Endo- und Perikardpetechien. In der einen Lunge deutliche Lymphknötchen. Beide Nieren groß, von stellenweise undeutlichem anatomischen Bau infolge Lymphomdurchwucherung. Leber vergrößert, blaß, undeutliche Zeichnung, deutliche Follikel. Wurmfortsatz ganz rigide, infiltriert, im übrigen Darm geringere Lymphfollikelschwellung; homogen vergrößerte Mesenterialdrüsen; zahlreiche bis haselnußgroße Cervicaldrüsen, wovon eine an linker Carotis vereitert ist; über kirschgroße etwas glasige Mesenterialdrüsen, retroperitoneale Drüsen zu hühnereigroßen Paketen vereinigt auf beiden Seiten. Femurdiaphysenmark himbeerfarben, ziemlich zäh, Rippenmark hellrot, flüssiger.

Lymphdrüse:

Mikroskopischer Befund: Textur in der Rindenzone verändert, indem relativ wenige kleine, unscharf abgegrenzte und meist ziemlich locker gebaute Follikel zwischen stark verbreiterten interfollikulären kortikalen Markstrangzonen hervortauchen.

Kapsel leicht infiltriert. Markstränge und Sinus deutlich voneinander abgesetzt; erstere in einem Teil der Drüse auf Kosten der Sinus verbreitert, und in einem andern etwas kleineren Teil der Drüse verhält es sich umgekehrt. Markfollikel in jener Partie mit weiten Sinus scharf abgegrenzt und von gedrängtem Aufbau, in der andern Partie der Drüse (mit engen Sinus) unscharf begrenzt und lockerer gebaut.

Kapsel locker gebaut und enthält nicht wenige weite Gefäßlumina mit ziemlich vielen Lymphozyten und einzelnen atypischen größeren Lymphozyten (meist ziemlich breites Protoplasma, vorwiegend ziemlich stark basophil und retikulär sowie öfters mit spitz zulaufenden Protoplasmaausläufern und häufig kleine Vakuolen im Zelleib; Kern nicht exzentrisch; groß, rund oder oval oder gebuchtet (Riederformen), meist 1—3 ziemlich große Kernkörperchen, der Chromatingehalt schwankt vom dunklen pyknotischen Stadium bis zum hellen bläschenförmigen; Basichromiolen gleichmäßig diffus verteilt; Kernmembran mäßig dünn und scharf konturiert). Keine Erythrozyten im Lumen dieser Kapselgefäße (Lymphgefäße), vereinzelte eosinophile Leukozyten und Mastzellen in den Spalten des Kapselgewebes sowie Lymphozyten, lymphozytäre Plasmazellen und einige „atypische größere Lymphozyten".

In den Randsinus zum größten Teil Lymphozyten, ziemlich viel retikuläre Phagozyten und polymorph- und gelapptkernige neutrophile Leukozyten, letztere z. T. von Phagozyten inkorporiert; ferner einige Lymphozyten vom Typus der „großen atypischen", vereinzelt retikuläre Erythrozytophagen und Pigmentophagen. Ganz vereinzelt sind Rindenfollikel (offenbar durch das großzellig wuchernde Markstranggewebe) in den Randsinus vorgedrängt, und die Kapsel dadurch nach auswärts gebuchtet.

Interfollikuläre Sinus: So ziemlich dieselben zellulären Verhältnisse betreffs Qualität und Quantität, außerdem aber noch einige eosinophile Leukozyten und lymphozytäre Plasmazellen, Erythrozyten, Riederformen, sehr selten Megakaryozyten mit inkorporierten Lymphozyten. Trabekel dieser Sinus infiltriert mit zahlreichen dunkelkernigen kleinen Lymphozyten, nicht wenigen kleinen und großen lymphozytären Plasmazellen, vereinzelten eosinophilen Leukozyten und Myelozyten.

In den kavernösen Sinus vereinzelte neutrophile und eosinophile Myelozyten und Leukozyten, ziemlich viele Varianten „atypischer großer Lymphozyten"; ganz vereinzelt Erythrozyten, einzelne lymphozytäre Plasmazellen mit 2 Kernen und wenige prachtvolle Megakaryozyten; kleine Lymphozyten selten.

Im adventitiellen und trabekulären Gewebe intrasinuöser Venen ziemlich zahlreiche und häufig große lymphozytäre Plasmazellen, vereinzelte lymphozytäre Plasmamastzellen, einige basophil punktierte Mitosen (höchstwahrscheinlich von Lymphozyten), mehrere eosinophile Leukozyten, vereinzelte eosinophile Metamyelozyten, „große und mittelgroße atypische Lymphozyten", einige kleine und mittelgroße Lymphozyten, ziemlich viele bindegewebige Adventitiazellen.

Rindenfollikel an Zahl und Umfang vermindert, meist unscharf begrenzt und von weniger gedrängtem Aufbau als viele Markfollikel. Vereinzelte Kortikalfollikel rekrutieren sich vorwiegend aus kleinen dunkelkernigen und bedeutend weniger hellkernigen Lymphozyten, welche jedoch die durchschnittliche Größe der „vulgären" Follikel-Lymphozyten etwas übertreffen. Zwischen die Lymphozyten sind relativ wenig Reticulumzellen eingestreut. In den meisten Rindenfollikeln liegen auch Markstrangelemente, und je größer die Beteiligung derselben, um so mehr kommt das histologische Bild der diffusen lymphatischen Rindenzone zustande, welche die gleiche zelluläre Komposition wie die Markstränge aufweist. Solche Markstrangelemente sind: Größere Reticulumzellen in erheblicher Zahl, „große und mittelgroße atypische Lymphozyten" und lymphozytäre Plasmazellen. Durch gehäuftes Auftreten der eben erwähnten Elemente werden viele Rindenfollikel in Markstranggewebe umgewandelt, und parallel damit geht eine Auflockerung der gedrängten Follikeltextur (wahrscheinlich infolge Vergrößerung der Maschenweite). Es handelt sich also nicht um konzentrische Druckatrophie der Rindenfollikel von seiten der großzellig wuchernden Markstränge, sondern um eine sukzessive Metamorphose derselben durch allmählich sich häufendes Auftreten der genannten Markstrangelemente im typischen Follikelparenchym. Es lassen sich bei diesem markstrangartigen Umwandlungsprozeß der Rindenfollikel alle Übergangsstadien vom normalen Follikel bis zum völlig metamorphosierten konstatieren.

In den noch leidlich erhaltenen Kortikalfollikeln fehlen die Keimzentren, und die Kapillarversorgung ist gering.

Markfollikel in jenem Teil der Drüse mit relativ weiten Sinus und schmalen Marksträngen meist scharf abgegrenzt und von dicht gedrängtem Aufbau; sie stimmen also in struktureller Beziehung prinzipiell mit den noch am besten erhaltenen Rindenfollikeln überein.

Die Markfollikel im Gebiet der breiten Markstränge und engen Sinus sind im Gegensatz zur vorhin beschriebenen Gruppe von Markfollikeln meist im Zustande geringer oder mäßiger markstrangartiger Metamorphose begriffen, entsprechen also in ihrem Verhalten jenem der meisten Rindenfollikel, enthalten also unter anderm auch lymphozytäre Plasmazellen, während solche in den typischen Markfollikeln fehlen.

Es würde zu weit führen, diese hier angeschnittenen Fragen noch weiter auszuspinnen; es soll dies an anderer Stelle geschehen, überdies gehören die verschiedenen oben berührten Probleme streng genommen nicht zum Thema der myeloischen Metaplasie. Es war für mich hier nur von gewisser Bedeutung, die Ursache des Follikelschwundes klarzustellen, da derselbe heute noch ein viel umstrittenes Problem histologisch-hämatologischer Forschung ist und eben ganz besonders auch bei myeloischer Metaplasie lymphatischer Organe und Organbezirke in Erscheinung tritt.

Markstränge: Der Zellbestand der Markstränge rekrutiert sich hauptsächlich aus ungefähr gleichen Mengen vulgärer und mittelgroßer Lymphozyten einerseits und „mittelgroßen und großen atypischen Lymphozyten" anderseits; daneben ziemlich viele meist größere Reticulumzellen, auch lymphozytäre Plasmazellen stellenweise ziemlich häufig, darunter enorme Exemplare mit zwei und drei Kernen; auch Mitosen lymphatischer Zellen (Monaster und Dyaster) mit grober basophiler Punktierung. Ab und zu eosinophile Myelozyten, zuweilen zu kleinen Herden angeordnet; etwas häufiger eosinophile Leukozyten, vereinzelt neutrophile Myelozyten und ab und zu Megakaryozyten. Auffällig ist, daß die größten und dichtesten Lager von „großen atypischen Lymphozyten" mit Vorliebe in den der Rindenzone benachbarten Markstrangpartien lokalisiert sind.

Manche venöse Kapillaren und kleine Venen der Markstränge zeigen eine dichte Infiltration der Gefäßwand mit den verschiedenen Lymphozytenarten, welche im Begriffe sind, ins Lumen einzuwandern.

Ein Teil der „mittelgroßen und großen atypischen Lymphozyten" scheint in die Sinus (besonders die weiten) einzuwandern, falls diese Elemente nicht auch autochthon in denselben entstehen oder durch die Vasa afferentia zugeführt werden.

Die Markstranggefäße (meist venöse Kapillaren und kleine Venen) enthalten zahlreiche kleine Lymphozyten vom Typus jener in den fast intakten Markfollikeln, „große atypische Lymphozyten" öfters in größerer Menge, ab und zu auch lymphozytäre Plasmazellen, sehr wenige Erythrozyten.

Diagnose: Lymphatisch-leukämische Wucherung mit vorwiegender Beteiligung „großer und mittelgroßer atypischer Lymphozyten". Ausgangspunkt dieser „großzelligen" Proliferation sind die Markstränge. Kapsel nicht lymphatisch-leukämisch infiltriert. Diese Wucherung geht auch auf die Follikel (Rindenfollikel und ein Teil der Markfollikel) über und verwandelt diese unter zunehmendem Auftreten von zellulären Markstrangelementen (in denselben) sukzessive in ein Gewebe vom Charakter der Markstränge. Diesen Prozeß habe ich deshalb als **„markstrangartige" Metamorphose der Lymphfollikel** bezeichnet. Es handelt sich hier also nicht um eine konzentrische Druckatrophie der Follikel von seiten der großzellig wuchernden Markstränge. Es ist hiermit also auch festgestellt, daß die **großen Lymphozyten des Blutes** (75 % von 248 000 Weißen) **primär aus den Marksträngen stammen** und erst sekundär, d. h. nach markstrangartiger Umwandlung der Follikel, auch von letzteren oder vielmehr von dem ihnen localiter entsprechenden Markstranggewebe in die Zirkulation geliefert werden. Diese Klärung obiger Frage dürfte von Bedeutung sein.

Myeloische Proliferationsquote: Myeloische Metaplasie in den meisten Präparaten geringfügig: In den Maschen der Markstränge und weniger zahlreich in den Sinus eosinophile und neutrophile Leukozyten und Myelozyten, meist isoliert, seltener zu kleinen Häufchen vereinigt; Megakaryozyten vereinzelt; keine Erythropoese trotz hochgradiger lymphatischer Umwandlung des Knochenmarkes. Diese geringe myeloische Metaplasie ist wohl als schüchterner Versuch vikariierender Myelopoese zu deuten. Dieses gleichzeitige Vorkommen ausgedehnter lymphatischer und geringer myeloischer Wucherung ist noch kein Beweis für die Annahme von Mischformen zwischen myeloischer und lymphatischer Leukämie, und ebensowenig kann es als Argument für die Existenz von Zwischen- und Übergangsformen im Sinne der monistischen Auffassung interpretiert werden.

III. Teil.

Untersuchungen an fötalen Organen vom Menschen.

Um das Wesen der myeloischen Metaplasie dem Verständnis etwas näher zu bringen, erwies es sich als notwendig, embryonales bzw. fötales menschliches Material auf die normale Hämatopoese hin zu prüfen. Zu diesem Zweck kam ein Fötus von 16 cm Kopf-Steiß-Länge zur Untersuchung.

Blut.

Ausstrich (May - Grünwald, Giemsa): Zahlreiche polychromatische Normoblasten und Megaloblasten, vereinzelt basophil punktierte orthochromatische Normoblasten; ziemlich häufig polychromatische Normozyten und Megalozyten. Zahlreiche neutrophile Myelozyten, meist mit basophiler Jugendquote der Granulation, auch nicht wenige neutrophile Leukozyten und mehrere neutrophile Promyelozyten.

Wenige eosinophile Myelozyten mit Andeutung von Kernlappung. Ziemlich viele lymphoide Zellen vom Habitus der kleinen Lymphozyten und auch einzelne größere Formen (Quetschung?).

Leber.

Ausstrich (May-Grünwald, Giemsa, Methylgrün-Pyronin): Zahlreiche Normoblasten und Megaloblasten, auch solche mit Basophilie und (starker) Polychromasie und zugleich mit grober basophiler Punktierung; viele Myeloblasten, und zwar vorwiegend kleinere und mittelgroße mit 3—5 deutlichen Nukleolen; ziemlich viele neutrophile Myelozyten meist ohne Nukleolen; fast ebenso häufig neutrophile Myelozyten mit feiner violetter Granulation und oft 1—4 Nukleolen, jedoch meist weniger als bei den Myeloblasten. Höchstwahrscheinlich handelt es sich hier um derartiges quantitatives Verhältnis der basischen und sauren

Affinitäten in der Granulation, daß daraus eine bestimmte Mischung von Eosin und Methylenblau mit violetter Nuance resultiert. Eine Verwechselung mit Mastmyelozyten liegt hier nicht vor. Auch nicht wenige neutrophile Promyelozyten mit dunkelrot-violetter Granulation und mehreren schönen Nukleolen. Seltener sind eosinophile Myelozyten (grobkörnig!) mit entweder fast rein basophiler Granulation oder stark basophiler Jugendquote (nicht metachromatisch!); ebenfalls selten sind eosinophile Myelozyten mit oxyphiler Granulation. Manche Myeloblasten enthalten mehrere kleine helle Vakuolen in ihrem Protoplasma. Nicht selten sind Zellen mit stark basophilen Einschlüssen (F l e m m i n g s tingible Körper) und Phagozyten.

Leber.

Schnittpräparate: Azinöse Zeichnung der Leber noch nicht sehr deutlich ausgeprägt, sondern es besteht mehr ein unregelmäßiges Netz von Leberzellenkomplexen und Balken, wobei jedoch bereits eine deutliche Tendenz zur Gruppierung der Leberzellenaggregate um Zentralvenen ersichtlich ist. An einigen Stellen erkennt man sehr zellreiches G l i s s o n sches Gewebe mit verschiedenen Gefäß- und Gallengangslumina. Das Leberparenchym ist sehr zellreich und von zahlreichen Kapillaren und von kleineren und größeren Spalträumen durchzogen; auch Lebervenen sind zuweilen sichtbar.

Die zwischen den Leberzellen verlaufenden Kapillaren sind häufig gleichmäßig diffus erweitert und zeigen öfters Ausbuchtungen, welche nicht selten einer endothelialen Abgrenzung gegen die Leberzellen hin ermangeln. In diesen Kapillaren mit ihren Ausbuchtungen liegen zahlreiche orthochromatische Erythroblasten, darunter ziemlich viele pyknotische und karyorrhektische Typen, aber auch nicht wenige polychromatische und nicht selten auch basophile Formen. Bemerkenswert ist dabei das nicht seltene Vorkommen von basophil punktierten Mitosen orthochromatischer, polychromatischer und basophiler Erythroblasten, doch ist das Vorliegen von Myeloblastenmitosen im letzteren Fall manchmal nicht mit Sicherheit auszuschließen. Auch basophile Erythroblasten mit basophiler Punktierung außer der Mitose vereinzelt. Zwischen Normoblasten und Megaloblasten keine scharfe Grenze, letztere ziemlich häufig. Außerdem sehr viele Myeloblasten, nicht selten neutrophile Promyelozyten und Myelozyten; auch einige eosinophile Myelozyten und Leukozyten und massenhaft orthochromatische Erythrozyten.

Extrakapillär und oft der Kapillarwand anliegend liegen z. T. eingebettet in Einbuchtungen des Leberzellenprotoplasmas mitten unter und zwischen den Leberzellen zahlreiche Myeloblasten meist in kleineren Häufchen von 2—8 Stück oder auch einzeln; ferner zahlreiche basophile, polychromatische (= amphophile) und auch viele orthochromatische Erythroblasten, auch wieder mit häufigen basophil punktierten Mitosen, auch einzelne neutrophile Myelozyten und ziemlich viele orthochromatische Erythrozyten; die Erythroblasten liegen hier häufig auch in Komplexen bis zu 8—12 Stück zusammen und grenzen häufig an die Kapillarwand an. Stellenweise scheinen Endothelsprossen zwischen den Leberzellen sich einen Weg bahnen zu wollen, falls es nicht isolierte mesenchymale Elemente sind, welche bereits Endothelcharakter angenommen haben und sich den Enden der Kapillarwand anlagern.

Die Endothelkerne der Kapillaren besitzen spindelförmige oder stäbchenförmige Gestalt mit oft mehreren Einfaltungen der Kernmembran. Sichere Endothelmitosen waren nicht zu finden. Lymphozyten sind nicht vorhanden.

In den Zentralvenen vorwiegend orthochromatische und pyknotische Normoblasten und noch häufiger orthochromatische Erythrozyten, auch vereinzelte stark polychromatische Normoblasten, Myeloblasten und neutrophile Myelozyten; Endothelien der Zentralvenen vorwiegend klein, schmal und spindelförmig oder stäbchenförmig bis keulenförmig.

In den größeren Pfortaderästen des G l i s s o n schen Gewebes vorwiegend orthochromatische Erythrozyten, nicht wenige meist orthochromatische Normoblasten, jedoch im Verhältnis zu ersteren weniger als in den Zentralvenen; außerdem wenige polychromatische Erythroblasten, Myeloblasten selten, hingegen nicht selten neutrophile und ab und zu auch eosinophile Myelozyten.

In einzelnen größeren Ästen der Arteria hepatica ziemlich zahlreiche Endothelien; es scheint sich in der Hauptsache um Desquamation, vielleicht auch gleichzeitig um eine leichte Proliferation zu handeln; außer diesen Elementen auch vorwiegend orthochromatische Erythrozyten und vereinzelte Erythroblasten.

Im G l i s s o n schen Gewebe mächtige Lager myeloischer Zellen, welche in Umgebung der größeren Gefäße von der Adventitia derselben durch eine mehr oder minder große bindegewebige Zone getrennt sind, bei kleinen portalen Venen jedoch bis an das Endothel heranreichen; an der Peripherie des G l i s s o n schen Gewebes gehen diese myeloischen Formationen unmittelbar an die Leberzellen heran; auch die Gallengänge sind von denselben umfaßt, (Pericholangiale Zellkomplexe). Bei den eben erwähnten kleinen portalen Venen ist das Endothel durch die myeloischen Zellen nirgends vorgebuchtet oder durchbrochen.

Die myeloischen Zellen in diesen großen Komplexen liegen zwischen den Elementen des G l i s s o n schen Bindegewebes in regelloser Vermischung mit Bindegewebskernen; am zahlreichsten sind dabei die neutrophilen Myelozyten; eosinophile Myelozyten und Leukozyten nicht selten; spärlicher sind Erythroblasten (basophile, polychromatische und orthochromatischer) nicht selten sind kleine und größere Herde orthochromatische; gut erhaltener Erythrozyten (keine Hämorrhagien!); Myeloblasten in geringer Zahl. Zweifellose Endothelwucherungen und Endothelmitosen im G l i s s o n schen Gewebe nicht nachweisbar. An einigen Stellen im letzteren sieht man Kapillaren in Bildung begriffen, und zwar mit größter Wahrscheinlichkeit durch Anlagerung junger Elemente des umgebenden Bindegewebes, in welchem, nach Beschaffenheit der Kerne zu schließen, noch ziemlich viele sehr wenig oder gar nicht differenzierte mesenchymale Elemente sich finden; im G l i s s o n schen Gewebe auch Mitosen neutrophiler Myelozyten, sowie ab und zu fein und grob punktierte Mitosen nicht identifizierbarer Zellen sogar mitten im perivaskulären Bindegewebe, wo weit und breit ausschließlich Bindegewebszellen vorhanden sind (basophil punktierte Bindegewebszellmitose?); mäßig viel neutrophile Leukozyten. Keine Mastzellen und Megakaryozyten in der ganzen Leber zu finden, auch keine Lymphfollikel im G l i s s o n schen Gewebe.

Diagnose: S e h r   s t a r k e   e x t r a -   u n d   i n t r a k a p i l l ä r e   E r y t h r o p o e s e   u n d   M y e l o b l a s t o p o e s e ,   w e n i g e   i n t r a -   u n d   e x t r a k a p i l l ä r e   M y e l o z y t e n .

Sehr intensive extravaskuläre Leukopoese (vorwiegend neutrophile Myelozyten), in den Spalten des Glissonschen Gewebes und geringe extravaskuläre Erythropoese daselbst.

Endotheliale Mitosen nirgends mit Sicherheit nachweisbar, und für Einwanderung der myeloischen Elemente im Glissonschen Gewebe in kleine portale Venen durch die Intima hindurch keine Anhaltspunkte. Dagegen ist es nicht unwahrscheinlich, daß die myeloischen Elemente des Glissonschen Gewebes an der Peripherie desselben, d. h. am Einmündungsort der stellenweise wandungslosen portalen Kapillaren durch die betreffenden Lücken oder durch die intakte Endothelwand hindurchwandern bzw. dieselbe vorher auflösen und so in Zirkulation geraten.

Nirgends Lymphopoese in der Leber.

Die Knochenmarksriesenzellen (runder Kern!) gelang es nicht zu identifizieren, möglicherweise wegen der Zenker - Formolfixierung, falls solche nicht etwa überhaupt fehlten; ebenso fehlten Mastmyelozyten und Leukozyten, sowie auch Plasmazellen, wie a priori zu erwarten war.

Die unreifsten Typen der Erythroblasten liegen vorwiegend extrakapillär zwischen den Leberzellen und vollenden ihre Reifung, wie Lobenhoffer kürzlich schon gezeigt hat, in den Kapillaren, durch den von ihm beschriebenen Modus.

Keine genügenden Anhaltspunkte für endotheliale Hämatopoese. Die ganze embryonale Blutbildung in der Leber erklärt sich nach meiner Ansicht mit einem Schlage dadurch, daß die Sprossen der vordern Darmwand, welche in das vordere Mesenterium hinein-

wachsen und die Anlage der Leber repräsentieren, größere (Glissonsches Gewebe) und
kleinere Komplexe oder auch isolierte (intra-
und extrakapilläre Herde von Blutzellen inkl.
Endothelien) möglichst indifferente (mesenchymale) Elemente des vorderen Mesenteriums
zwischen sich liegen lassen, welche sich sowohl
zu Blutzellen als zu Endothelien und Bindegewebszellen differenzieren können bzw. z. T.
schon differenziert haben bei Beginn der
Leberentwicklung[1]). Mit der letzteren Annahme, welche durch die moderne embry-
ologische Forschung gestützt wird, wäre das
Rätsel der embryonalen Blutbildung in der
Leber gelöst, und auch die Interpretation der
pathologischen Hämatopoese im Hepar be-
reitet, wie ich unten noch zeigen werde, keine
unüberwindlichen Schwierigkeiten mehr.

Thymus.

Ausstrich: Massenhaft kleine und mittelgroße lymphozytenartige Zellen und auch Komplexe größerer solcher Elemente,
welche leicht quetschbar sind. Keine Promyelozyten. In den erwähnten Zellen ab und zu ein Nucleolus. Zahlreiche Erythrozyten, auch Megaloblasten, Normoblasten häufiger, fast alle
polychromatisch; nicht selten bei den Erythroblasten Kernwandsprossung, zwei Kerne usw.; prachtvolle eosinophile und neutrophile Myelozyten nicht selten, ebenso Leukozyten in ungefähr
gleicher Menge. Keine Mastzellen und Knochenmarksriesenzellen und Plasmazellen.

Schnittpräparate: Deutliche Läppchenzeichnung mit Septen
und ausgeprägter Rinde und Marksubstanz. Die Läppchen sind

---

[1]) Bei Drucklegung dieser Untersuchungen kommt mir die Publikation von A. M a x i m o w: „Über embryonale Blutbildung", Zentralbl.
für allg. Pathologie usw., Bd. XX, Nr. 4, zu Gesicht, welche ähnliche Ansichten vertritt. Dazu habe ich nur zu bemerken, daß ich meine oben entwickelte Ansicht über die fötale Blutbildung in der Leber bereits vor den
M a x i m o w schen Veröffentlichungen konzipiert und auch embryolo-
gischen und hämatologischen Fachmännern mündlich mitgeteilt habe.

von den Septen durch einen einfachen Endothelbelag abgegrenzt, welcher sich offenbar aus den septalen Mesenchymzellen differenziert hat. Die Rinde fällt auf durch ihre dunkelblaue Farbe, welche durch den gedrängten Aufbau und die stärkere Kernfärbung und z. T. auch Protoplasmabasophilie bedingt ist; das Mark zeigt rötliche Nuance infolge schwacher Kernfärbung (Kerndegeneration), lockeren Aufbaues (wohl wegen größerer Reticulummaschen) und infolge Anwesenheit vieler rötlich gefärbter H a s s a l scher Körperchen.

In den Septen zartes Bindegewebe, ziemlich viele Blutgefäße und auch Lymphgefäße.

In den Maschen des (epithelialen) Reticulums der Marksubstanz (Fibroepithelien nach einer mündlichen Mitteilung von S c h r i d d e) liegen zahlreiche chromatinarme lymphozytenähnliche Elemente in allen Stadien der Kerndegeneration. Ob es sich hier um typische Lymphozyten oder Epithelien oder um eine dritte Art von Zellen handelt, soll an dieser Stelle nicht weiter diskutiert werden; höchstwahrscheinlich handelt es sich um ein Gemisch gewöhnlicher Lymphozyten und Epithelien. Wie ich vermute, stehen erstere in genetischer Beziehung zur endothelialen Begrenzung der Läppchen. Außerdem zahlreiche H a s s a l sche Körperchen. Die zahlreichen Reticulumzellen fallen nicht selten durch ihre großen chromatinarmen bläschenförmigen und oft unregelmäßig konturierten Kerne auf.

Zwischen den genannten Elementen liegen nun ebenfalls in den Reticulummaschen vereinzelt oder auch in kleineren Komplexen nicht wenige eosinophile Myelozyten und auch Leukozyten; polychromatische und orthochromatische Normoblasten und vereinzelte Megaloblasten, darunter auch pyknotische Typen und auch solche mit analogen Degenerationserscheinungen wie die nichtmyeloischen Markzellen. Neutrophile Myelozyten nicht selten, besonders in den peripheren an die Septen angrenzenden Markpartien. Auch basophil punktierte Erythroblastenmitosen ab und zu.

Einzelne Markbezirke fallen auf durch ihren reichen Gehalt an orthochromatischen gut erhaltenen Erythrozyten, zwischen welchen in der Regel in geringer oder größerer Zahl Erythroblasten eingestreut sind. Diese Bezirke grenzen meist an die Septen an, enthalten häufig auch (einige) Myeloblasten und Myelozyten und sind ohne Zweifel als Blutbildungsherde aufzufassen mit vorwiegender Beteiligung der Erythropoese, wie oben ähnliches auch im G l i s s o n schen Gewebe der fötalen Leber beschrieben wurde. Schmälere Markpartien sind gelegentlich in ihrer ganzen Breite von myeloischen unreifen Elementen durchsetzt; am häufigsten sind diese Zellen in den peripheren an die Septen angrenzenden Markregionen; Beziehungen zur Adventitia von Gefäßen sind nicht nachweisbar, und für endotheliale Abstammung ergeben sich auch keine genügenden Anhaltspunkte.

In einzelnen H a s s a l schen Körperchen einige eosinophile Leukozyten. Die (venösen) Kapillaren des Markes vollgestopft mit orthochromatischen Erythrozyten, nicht wenigen orthochromatischen Erythroblasten und auch nicht selten Myelozyten; an den meist venösen Kapillarendothelien nichts Besonderes. In der Rindensubstanz fast nur dunkelkernige kleinere Elemente, welche mit kleinen Follikellymphozyten große Ähnlichkeit haben und an der Grenze von Mark und Rinde Übergangstypen zu den lymphozytenähnlichen Markzellen erkennen lassen. Wenige Reticulumzellen gegenüber dem Mark. Auch hier finden sich, ziemlich häufig die gleichen myeloischen, meist vorwiegend erythropoetischen Herde wie im Mark; auch nicht selten neutrophile und eosinophile Myelozyten in der Rinde, besonders in den an den Septen anliegenden Regionen, jedoch auch öfters in den zentralen Rindenterritorien; auch gelegentlich Myeloblasten und neutrophile Promyelozyten sowie Leukozyten; Endothelien der (meist arteriellen) Rindenkapillaren ab und zu groß, länglich und bläschenförmig; intrakapillär meist viele orthochromatische Erythrozyten, nicht selten orthochromatische Erythroblasten und gelegentlich Myelozyten; keine Endothelmitosen und keine sicheren Anhaltspunkte für endotheliale Blutbildung.

In den Septen liegen häufig in der Nähe von Gefäßen (perivaskulär) kleine und große Lager myeloischer Zellen im Bindegewebe mitten zwischen den embryonalen Bindegewebszellen und regellos mit diesen vermischt, aber auch in größerer Entfernung von Gefäßen: sehr häufig kleinere und größere Aggregate eosinophiler Myelozyten und auch Leukozyten; ferner Komplexe neutrophiler Myelozyten bis zu 50 Stück, und auch Leukozyten; außerdem Erythroblastenherde bis zu 30 Stück, darunter orthochromatische und karyorrhektische sowie polychromatische Typen; auch

Megaloblasten (polychromatische); endlich auch gemischte myeloische Komplexe mit Vertretern aller eben erwähnten Zellgattungen; Myeloblasten sind nicht häufig und meist nur 1 bis 3 Stück beisammen. Megakaryozyten, Mastzellen, Lymphozyten und Plasmazellen fehlen in den Septen.

In manchen septalen Blutgefäßen (Venen), zahlreiche eosinophile Leukozyten, wovon gelegentlich einer in der Wand steckt und offenbar auf der Durchwanderung ins Lumen begriffen ist; die Endothelien z. T. voluminös bläschenförmig; in den meisten interlobulären Gefäßen (meist Venen) zahlreiche orthochromatische Erythrozyten und einige orthochromatische Erythroblasten. Die Bindegewebszellen der Septen machen z. T. einen sehr wenig differenzierten Eindruck, besonders auch in der Nähe von Gefäßen. In den Reticulumzellen (Fibroepithelien) und den Elementen der Hassalschen Körperchen ein großer leuchtend roter (bei Methylgrün-Pyronin) Nucleolus.

Diagnose: Starke Leukopoese und geringere Erythropoese extravaskulär im Bindegewebe der Septen. Geringere Leukopoese und etwas stärkere Erythropoese extravaskulär in den Reticulummaschen von Mark und Rinde. Zahlreiche degenerierende Elemente im Mark. Keine genügenden Anhaltspunkte für endotheliale Blutbildung.

Die Blutbildungsherde in Septen, Mark und Rinde möchte ich dadurch erklären, daß die Epithelsprossen der 3. Visceralspalte, welche nach Stöhr[1]) die Anlage der Thymus repräsentieren, in das benachbarte Mesenchymgewebe eindringen und zwischen sich mesenchymale Gewebskomplexe liegen lassen, welche zum Teil schon extravaskuläre Blutbildung aufweisen, sowie wohl auch noch ziemlich indifferente Mesenchymzellen, welche eventuell noch im Besitze der drei verschiedenen Differenzierungspotenzen sind.

---

[1]) l. c.

Bei der Formierung von Septen, Rinde und Mark ist es natürlich nichts Paradoxes, wenn solche gefäß- und blutzellenhaltigen Mesenchymkomplexe in das Thymusparenchym eingeschlossen werden und da während bestimmter Zeit persistieren. Durch diese eben entwickelte Auffassung glaube ich das Vorkommen embryonaler Blutbildung in Septen, Mark und Rinde der Thymus verständlich gemacht zu haben.

Pankreas.

Schnittpräparate: Größere Komplexe von Drüsenalveolen sind durch zellreiches Gefäßbindegewebe voneinander geschieden, und auch zwischen die einzelnen Endstücke läßt sich letzteres verfolgen.

Die Schaltstücke mit ihren dunklen Kernen und die Endstücke mit den „zentro-azinären" Zellen (Schaltstückzellen) deutlich entwickelt; größere Ausführungsgänge leicht sichtbar.

Im interstitiellen Bindegewebe liegen extravaskulär, z. T. in nächster Umgebung der Gefäße, umfangreiche myeloische Lager regellos mit teilweise sehr wenig differenzierten Bnidegewebszellen vermischt. Darunter finden sich erhebliche neutrophile Myelozytenkomplexe, auch neutrophile Promyelozyten und gar nicht selten prachtvolle Myeloblasten; auch einige eosinophile Myelozyten, doch bedeutend weniger als in der Thymus.

Erythroblasten in allen Stadien der Entwicklung, z. T. in großen Herden, darunter auch sehr schöne ganz unreife basophile Exemplare. Auch eben abgelaufene Mitosen von Erythroblasten mit tadelloser basophiler Punktierung und Polychromasie.

Man hat auch ganz entschieden den Eindruck, als ob eine Reihe von Zwischenformen zwischen wenig oder noch undifferenzierten Bindegewebszellen (Mesenchymelemente) und Myeloblasten einerseits und basophilen Erythroblasten anderseits im interstitiellen Gewebe vorhanden seien.

In den Gefäßen der Septen vorwiegend orthochromatische Erythrozyten und vereinzelte orthochromatische Erythroblasten, auch pigmenthaltige Zellen wie in Knochenmark und Milz. An den Gefäßendothelien nichts Besonderes.

Diagnose: Ausgedehnte extravaskuläre Erythropoese und Leukopoese im interstitiellen Gewebe des Pankreas. Keine Anhaltspunkte für endotheliale Blutbildung. Keine lymphatischen Formationen. Dieser meines Wissens von mir erstmals erhobene Befund erklärt sich meiner Ansicht nach wohl auch dadurch, daß die Darmwandsprossen, welche in das hintere und vordere Mesenterium hineinwachsen und die dorsale und ventrale Pankreasanlage repräsentieren, zahlreiche „hämato-hämangiopoetische" und z. T. wohl auch noch indifferente Mesenchymzellenkomplexe zwischen sich liegen lassen. Erstere persistieren wahrscheinlich noch eine gewisse Zeitlang im Fötalleben, und letzteren kommt möglicherweise auch noch in diesem Fötalstadium die von Marcinowski[1]) bei Wirbeltieren (Amphibien) festgestellte und höchstwahrscheinlich auch beim Menschen statthabende dreifache Differenzierungspotenz zu Blutzellen, Endothelien und Bindegewebszellen zu.

Auf diese Weise dürften die an unreifen myeloischen Elementen reichen Septen des Pankreas entstehen, und wäre hiermit auch die fötale Blutbildung im Pankreas zwanglos erklärt.

Lymphdrüse.

Schnittpräparate: Die Drüse stellt eine adenoide Masse dar mit diffuser Rindenregion, welche größtenteils noch nicht von Lymphsinus durchbrochen ist und erst an einer Stelle den Beginn einer Follikelbildung erkennen läßt. Die Vaskularisation ist im Gegensatz zu den Marksträngen eine geringe, welches Faktum von Wichtigkeit ist. Im Mark und besonders gegen den Hilus zu existieren weite Lymphsinus, in welche sich z. T. bereits breite, locker gebaute und ziemlich zellreiche Trabekel vorgeschoben haben. Randsinus ziemlich breit; Kapsel locker gebaut und ziem-

---

[1]) l. c.

lich zellreich. In der Kapsel und z. T. noch im perikapsulären Gewebe liegen einige kleinere adenoide Zellkomplexe, die von Lymphsinus umgeben sind, welche mit den Vasa afferentia und dem Randsinus der eigentlichen Drüse kommunizieren.

Ungefähr im Zentrum der Drüse liegt ein von mehreren kleineren Lymphräumen und Blutgefäßen durchzogener Bezirk embryonalen Bindegewebes, welcher durch sukzessive steigende Anhäufung zellulärer Elemente in den Bindegewebsspalten einen allmählichen Übergang in die typischen Markstränge erkennen läßt.

Bei Immersion in der zarten Kapsel meist bläschenförmige Bindegewebskerne und in Spalten zwischen den Bindegewebs- zellen ab und zu neutrophile Myelozyten (auch in Mitose), ver- einzelte basophile Normoblasten und kleine Lymphozyten. In weiten kapsulären Lymphgefäßen einige neutrophile Myelozyten und Leukozyten, einige Erythroblasten (auch leicht basophile mit basophiler Punktierung), einzelne kleinere Myeloblasten und mehrere kleine Lymphozyten.

Im Randsinus neben ziemlich vielen Reticulumzellen einige Erythrozyten, ziemlich viele Normoblasten und ganz unreife prachtvolle basophile Megaloblasten und auch polychromatische und orthochromatisch-pyknotische Typen von Normoblasten; Myeloblasten in den schönsten Exemplaren ziemlich häufig, sowie ziemlich viele neutrophile und eosinophile Myelozyten, ferner ziemlich viele kleine Lymphozyten und verschiedene Binde- gewebselemente, welche als Zwischenformen zu Myeloblasten imponieren. Auch basophil punktierte Erythroblasten.

In den kavernösen Sinus zahlreiche kleine Lymphozyten, ziemlich viele Normozyten und auch einige Megalozyten, nicht selten orthochromatische Normoblasten, darunter auch karyor- rhektische; ganz schwach basophile Megaloblasten mit feiner basophiler Punktierung und eben beginnender Hämoglobin- entwicklung an einzelnen Stellen im Protoplasma; einige Normo- und Megaloblasten sind polychromatisch oder leicht basophil; ferner vereinzelte eosinophile Myelozyten, ziemlich viele neu- trophile Myelozyten; ziemlich viele neutrophile Leukozyten, auch ab und zu Myeloblasten; auch basophil punktierte Mitosen polychromatischer Erythroblasten gelegentlich; ziemlich viele Bindegewebselemente (Reticulumzellen) mit den verschiedensten

Kernformen und mannigfachen Variationen des Chromatingehalts!

In einigen größeren Sinus breite Trabekel von lockerem Bau und reich an Bindegewebskernen in allen Stadien der Differenzierung bis zurück zur fast indifferenten Mesenchymzelle; auch kleine Lymphozyten liegen in den Bindegewebsspalten der Trabekel.

Die Sinusendothelien verhalten sich analog wie die intrasinuösen Reticulumzellen und weisen dieselben zelligen Elemente auf.

In den Marksträngen ziemlich viele Bindegewebszellen, welche sich z. T. bereits zu typischen retikulären Elementen differenziert haben, aber nicht selten finden sich noch ziemlich indifferente Elemente mesenchymaler Abstammung, besonders in der Umgebung der Gefäße; außerdem viele kleine Lymphozyten mit mehr oder weniger starkem Chromatingehalt; auch mittelgroße Typen ähnlicher Beschaffenheit, welche sich allerdings größtenteils zu Myeloblasten entwickeln und durch ihren breiteren Protoplasmasaum von noch mäßiger Basophilie sich deutlich von den kleinen Lymphozyten unterscheiden. Diese eben erwähnten Vorstufen der Myeloblasten sind durch zahlreiche Übergänge mit der embryonalen kaum oder noch gar nicht differenzierten Bindegewebszelle (Mesenchymzelle) verbunden und finden sich ab und zu besonders in der Nähe von Gefäßen. Myeloblasten sind häufig; nicht selten neutrophile Myelozyten und Metamyelozyten und etwas weniger eosinophile Myelozyten und Leukozyten. Erythroblasten ziemlich häufig, auch nicht wenige mit basophilem Protoplasma, z. T. mit hämoglobinhaltigen Stellen im Protoplasma, jedoch auch gar nicht selten orthochromatische Formen (auch karyorrhektische) und auch ab und zu Erythrozyten extravaskulär. Diese myeloischen Elemente liegen am häufigsten in der Umgebung mittelgroßer und größerer Gefäße, z. T. in Gemeinschaft mit kaum differenzierten Bindegewebszellen, aber auch zerstreut zwischen den übrigen Markstrangelementen. In manchen Markstrangkapillaren zeigen die Endothelien genau dieselbe Beschaffenheit wie wenig differenzierte Bindegewebszellen oder Mesenchym-Elemente und hat man ganz entschieden den Eindruck, daß sich mindestens ein Teil der Kapillaren durch Proliferation und Anlagerung solcher Zellen aneinander bildet. Auch in größeren

Markstranggefäßen (Venen) erkennt man noch ganz ähnliche Endothelien mit großen meist ellipsoiden bläschenförmigen Kernen, häufig 1—3 ziemlich großen Kernkörperchen mit perinukleärem E i m e r schem Körnchenkranz (Netzknoten!), sehr zartem Liningerüst, in welchem die Basichromiolen zu kleinsten Pünktchen (Netzknoten) und zu feinsten Fädchen (Chromatinfäden) netzförmig und in gleichmäßiger Weise, wohl meist monoserial, angeordnet bzw. suspendiert sind; Kernmembran dünn und scharf markiert; sogar ganz seltene Endothelmitosen unter diesen Endothelien; andere Endothelkerne zeigen ähnliche Kernstrukturen, jedoch beginnende Zunahme des Chromatingehaltes und Abnahme des Zellvolumens, schließlich erkennt man auch spindel- und stäbchenförmige, sogar runde kleine chromatinreiche Elemente.   Ganz ähnliche, um nicht zu sagen gleiche endotheliale Zellen finden sich, wie schon oben erwähnt, unter den Endothelien und Reticulumzellen der Sinus und im Markstrangparenchym.   In den Marksträngen verlaufen zahlreichere und meist größere Gefäße als in der Rinde, meist mit zahlreichen orthochromatischen Erythrozyten und hie und da ziemlich vielen orthochromatischen Erythroblasten, letztere besonders da, wo vorwiegend große bläschenförmige Endothelien vorliegen; diese intravaskulären Erythroblasten und vereinzelten neutrophilen Myelozyten sind möglicherweise gleichzeitig mit den Endothelien und Perithelien aus einem Komplex indifferenter Mesenchymzellen (eventuell ein kleiner Komplex versprengter oder aus einer größeren Blutinsel ausgewanderter indifferenter Blutinselzellen) entstanden, und hat sich dann dieser Komplex von Blut- und Gefäßwandzellen sekundär mit andern Gefäßen in Kontakt gesetzt; eine andere Möglichkeit wäre noch die Einwanderung der unreifen myeloischen Elemente aus dem Bindegewebe durch die Gefäßwand mit vorhergehender Auflösung der Gefäßmembran; oder (was am wahrscheinlichsten ist) es handelt sich um eingeschwemmte Elemente. Der Befund zahlreicherer unreifer myeloischer Zellen in einem Gefäß ist also noch kein Beweis für endotheliale Abstammung, sondern die betreffenden Elemente können auch eingeschwemmt oder durch die Gefäßwand durchgetreten oder gleichzeitig mit Endothel- (und .Perithel-) Zellen aus einer möglichst indifferenten mesenchymalen Zellanhäufung entstanden sein.

In dem oben erwähnten, in den zentralen Markpartien gelegenen Bezirk embryonalen Bindegewebes, welcher von kleineren Lymphkapillaren durchzogen ist und von mehreren kleineren und auch größeren Blutgefäßen, finden sich zwischen den Zellen des Bindegewebes verschiedene Myeloblasten und basophile Erythroblasten, auch polychromatische und orthochromatische kernhaltige Rote, ziemlich viele neutrophile und eosinophile Myelozyten, auch einige neutrophile Promyelozyten und Leukozyten; in der Nähe der Gefäße liegen diese Elemente dichter. In den Lymphkapillaren dieses Bindegewebsbezirkes vorwiegend kleine Lymphozyten, einige neutrophile Myelozyten und häufiger Leukozyten sowie einzelne Myeloblasten und orthochromatische und basophile Normoblasten. Die Kerne des bezüglichen embryonalen Bindegewebes zeigen alle Übergänge von der kugeligen bis ellipsoiden zur Spindel- und Stäbchenform und auch alle Variationen des Chromatingehaltes; dabei entsprechen die wenigst differenzierten Formen im wesentlichen den oben beschriebenen Endothelien verschiedener Markstranggefäße.

Eine genauere morphologische Charakteristik der verschiedenen Zellarten muß ich mir aus Mangel an Raum versagen, doch sollten die Angaben in der Hauptsache für den Fachmann genügen, um sich auf diesem bisher noch fast unbeackerten Boden zurechtzufinden.

Das nicht von Lymphsinus durchzogene adenoide Gewebe, welches der zukünftigen Rinde entspricht, enthält bedeutend weniger Gefäße und darunter hauptsächlich kleine (arterielle?) Kapillaren und zeigt eine etwas dichtere Textur als das Mark. An einer Stelle der Rinde erkennt man die ersten Anfänge einer Follikelbildung: ein dicht gedrängter Komplex meist dunkelkerniger kleiner Lymphozyten ohne Keimzentrum und mit verschwommener Abgrenzung gegen die Umgebung und geringer kapillärer Vaskularisation. Die Kapillarendothelien der Rinde zeigen z. T. analoge Phänomene wie die der Markgefäße.

In der Rinde liegen zahlreiche kleine und mittelgroße, dunkel- und hellkernige Lymphozyten, viele bindegewebige Elemente, ziemlich viele Myeloblasten und Zwischenformen solcher zu Bindegewebszellen (indifferente Mesenchymelemente); auch neutrophile Myelozyten gar nicht selten und ab und zu Normo- und Megaloblasten eingestreut (auch basophile); in der Nähe der

letzteren gelegentlich auch Erythrozyten (extravaskulär) und
eosinophile Myelozyten. Sowohl in der Rinde als im Mark liegen
basophil punktierte Mitosen von Zellen verschiedener Provenienz,
auch orthochromatische und leicht polychromatische Normoblasten mit gröberer und feinerer basophiler Punktierung.

Diagnose: Ziemlich erhebliche extravaskuläre Leuko- und Erythropoese in den Marksträngen und geringer in der Rinde, mit Vorliebe in der Nähe von größeren Gefäßen,
aber auch ohne enge räumliche Beziehung zu
solchen. Lokalisation der unreifen myeloischen Elemente zwischen den Bestandteilen
des Bindegewebes und zwischen Lymphozyten. Geringe Vaskularisation der Rinde.

Nicht unbedeutende Leuko- und Erythropoese in den Lymphsinus sowie in einem fast
zentral gelegenen Bindegewebsbezirk der
Drüse in den Spalten des embryonalen Bindegewebes. Existenz einer Reihe von Zwischenformen zwischen Myeloblasten und indifferenten oder wenig differenzierten Mesenchymzellen. Solche Zwischenformen zu ganz
jungen basophilen Erythroblasten nicht mit
Sicherheit zu erkennen, jedoch wahrscheinlich vorhanden. Intravaskuläre Blutbildung, wenn überhaupt vorhanden, nur gering.
Für endotheliale Hämatopoese keine überzeugenden Anhaltspunkte. Beginnende Follikelbildung im Cortex der Drüse, ohne
Keimzentrum, aus kleinen Lymphozyten
bestehend und unscharf abgegrenzt. Keine
Markfollikel. Die geringere Blutbildung in
der Rinde ist mit größter Wahrscheinlichkeit ein Parallelsymptom der bedeutend
weniger entwickelten Gefäßversorgung und
des geringern Kalibers der vorwiegend
arteriellen Gefäße (meist Kapillaren) und
scheint darauf hinzuweisen, daß die Lymphfollikel sich hauptsächlich da, im Anschluß

an die Lymphsinus (Sinusendothelien), bilden, wo, vielleicht zufällig, wenig oder keine Mesenchymzellen mit noch ausgeprägter myeloischer und mehr oder weniger auch endothelialer Differenzierungstendenz vorhanden sind. Ob venöse oder arterielle Blutbeschaffenheit und größere oder geringere Strömungsgeschwindigkeit bei der Entwicklung myeloischer (oder lymphatischer) Komplexe eine Rolle spielt, ist nicht ausgeschlossen; auffällig ist jedenfalls, daß die Lymphfollikel hauptsächlich arterielle Kapillaren enthalten, welche infolge des meist geringeren Lumens (als venöse Kapillaren) eine größere Strömungsgeschwindigkeit aufweisen.

Mark und Hilus der Drüse entwickeln sich wohl immer in unmittelbarer Umgebung zahlreicherer größerer Gefäße (oder Gefäßanlagen in statu nascendi), in deren Umgebung sich noch am ehesten ziemlich indifferente Mesenchymzellen vorfinden, welche vielleicht besonders intensiv zur Verwandlung in Blutzellen tendieren bzw. wo bereits perivaskuläre hämatopoetische Herde existieren — solche Gefäß-Blutzellherde können wohl zwanglos als mesenchymale Blutinseln en miniature bezeichnet werden mit den bekannten drei Differenzierungsrichtungen. Die Rinde würde sich nun da formieren (bzw. die Rindenfollikel), wo nur spärliche, vorwiegend arterielle, Kapillaren verlaufen. Es scheint mir dabei sehr wohl möglich, ja sogar wahrscheinlich, daß sich die (Rinden-) Kapillaren größtenteils, wenn nicht ganz, aus bereits mehr oder weniger bindegewebig differenzierten Mesenchymzellen bilden, welche wahrscheinlich keine intensivere Tendenz zur myeloischen Differenzierung mehr aufweisen. Kurz, die geringere, vorwiegend arteriell-**kapilläre** Vaskularisation der Rinden- und Markfollikel scheint dafür zu sprechen, daß bei der Entstehung dieser Gebilde wenige oder keine Mesenchymzellen mit vorherrschender endothel- und blutzellenbildender Tendenz in loco formationis zugegen sind, sondern vorwiegend oder ausschließlich schon mehr oder weniger bindegewebig differenzierte mesenchymale Elemente, welche wohl nicht mehr die myeloische Differenzierungsrichtung einschlagen können. Die Follikel formieren sich in der Rinde früher als im Mark. Geringe Leuko- und Erythropoese im Kapselgewebe.

Knochenmark (Femur).

Ausstrichpräparate (May-Grünwald und Giemsa): Viele Myeloblasten, meist große mit oft mehreren Kernkörperchen auch Myeloblastenmitosen. Viele neutrophile Myelozyten mit violetter Granulation, auch Exemplare mit reifer Körnelung, sowie neutrophile Myelozytenmitosen. Viele eosinophile Myelozyten, auch solche mit basophilen Granulis nebst roten. In neutrophilen und eosinophilen Myelozyten 3—4 und mehr deutliche Nukleolen, namentlich in jenen neutrophilen Exemplaren mit beginnender violetter Granulation. Mäßig viel Erythroblasten, darunter viele stark basophile Exemplare; auch nicht selten orthochromatische Normo- und Megaloblasten mit sehr schöner basophiler Punktierung; einzelne Megaloblasten mit zwei Kernen (Zellteilung?) und einige basophile Megaloblasten. Erythrozyten oft polychromatisch, aber nie basophil punktiert.

Schnittpräparate: Zahlreiche rötlich gefärbte (Färbung H. Fischer) Knochenbälkchen, z. T. mit Resten verkalkter Knorpel-Grundsubstanz (blau) und schmalen blauen Säumen (Osteoblastenschicht) und deutlichen Knochenzellen. In den Markräumen bläulich und rot gefärbte Zellmassen, z. T. scharf voneinander getrennt, in den ersteren kleine Gefäßlumina.

An der Peripherie des Knochens, der perichondrale Knochen

mit meist weiten H a v e r s schen Kanälen und, denselben um-
hüllend, das periostale osteoblastische Gewebe.

Bei Immersion repräsentieren sich die rötlichen Zellmassen
in den Markräumen als teilweise wandungslose venöse Kapillaren
mit massenhaften meist orthochromatischen Erythrozyten, bedeutend weniger Normoblasten und vereinzelten basophil punktierten Megaloblasten und neutrophilen Promyelozyten mit deutlicher paranukleärer Sphäre (Centrosoma) am Ort der beginnenden
Kerneinbuchtung. Die Kapillarwanddefekte sind vielleicht durch
Auflösung von seiten der eindringenden Erythroblasten, Myelozyten usw. oder durch hämatopoetische Tätigkeit gewisser cellulärer Wandelemente entstanden, oder es wäre gar nicht unmöglich,
daß sich eine allseits geschlossene Endothelmembran aus den umgebenden Mesenchymzellen noch nicht gebildet hat, um den
myeloischen Parenchymelementen den Eintritt in die venösen
Kapillaren zu erleichtern und in denselben den Reifungsprozeß
fortzusetzen bzw. zu vollenden.

In der unmittelbaren Umgebung der venösen Kapillaren
liegen bläulich gefärbte Zellmassen, bestehend aus vorwiegend
neutrophilen Myelozyten und ziemlich viel Myeloblasten; eosinophile Myelozyten sehr zahlreich, z. T. vom Typus spindliger Bindegewebszellen. Ab und zu neutrophile und eosinophile Myelozyten-
mitosen (Dyaster, Äquatorialplatten). Nicht wenig neutrophile
Metamyelozyten; neutrophile und eosinophile Leukozyten in
geringer Zahl. Die Myeloblasten in verschiedenen Größen-
ordnungen, namentlich auch kleine Typen; vereinzelte Pigmentzellen, keine sicheren Megakaryozyten, hingegen Osteoklasten.
Nirgends Follikelbildungen oder lymphatische Herde.

An der Peripherie der Knochenbälkchen reihenförmig angeordnete Osteoblasten mit basophilem Protoplasma und in deren
unmittelbarer Umgebung spindelförmige mesenchymale Elemente
mit Zwischenformen zu Osteoblasten. Mitten unter den myeloischen Zellkomplexen nicht selten Erythrozyten extravaskulär
(meist orthochromatische und wenige ganz leicht polychromatische
Typen). Dieselben dürften hier und in andern Organen wohl nach
dem von L o b e n h o f f e r[1] an den extrakapillären Blut-
bildungsherden der fötalen Leber beschriebenen Modus in die

---

[1] l. c.

Gefäße gelangen, falls nicht diese Elemente etwa auch noch eine geringe aktive Wanderungsfähigkeit besitzen; jedenfalls ist der exakte Gegenbeweis für letztere Möglichkeit wenigstens für embryonale Erythrozyten noch nicht geleistet.

Auch ziemlich spärliche orthochromatische Normoblasten und Megaloblasten, letztere z. T. basophil punktiert, liegen im Parenchym, doch ist deren Zahl bedeutend geringer als in Leber und Milz.

In einigen Markräumen mit noch fehlender oder erst beginnender enchondraler Knochenbildung existieren nur embryonale Bindegewebszellen, Osteoblasten und weite Kapillaren mit fast ausschließlich roten (kernlosen!) Blutkörperchen. Ganz vereinzelt sind in die Reticulummaschen dieses „primären" Knochenmarkes neutrophile und eosinophile Myelozyten eingelagert.

Diagnose: Zum Teil vorwiegend myelozytäre myeloblastisches Zellmark und zum kleineren Teil „primäres" Knochenmark. Extravaskurläre Leukopoese und Erythropoese, letztere gering. Für endotheliale Blutbildung keine genügenden Anhaltspunkte. Intravaskuläre (venöse Kapillaren) Proliferation myeloischer Zellen sehr fraglich und, wenn überhaupt vorhanden, dann jedenfalls sehr gering. Keine lymphatischen Formationen im Knochenmark. Megakaryozyten, wie sie postfötal vorkommen, wurden weder hier noch in andern fötalen Organen gefunden, und auch die embryonalen rundkernigen Knochenmarksriesenzellen Schriddes konnten nicht agnosziert werden. Allerdings wurde die Azur II-Eosin-Azeton-Methode nicht überall angewendet, und kann die Schuld daran liegen; doch ändert dies nichts an der prinzipiellen Bedeutung der hier beim Fötus erhobenen Befunde.

Mastzellen konnten nicht mit Sicherheit identifiziert werden (Zenker-Formolfixierung!). Keine Plasmazellen.

Milz.

Ausstriche (May-Grünwald, Giemsa, Methylgrün-Pyronin): Am häufigsten Erythrozyten, darunter viele polychromatische mit einem basophilen Korn; sehr viele Normoblasten zum größten Teil polychromatisch, auch vereinzelte basophil punktierte Erythroblasten und Erythrozyten; auch viele Megaloblasten. Zahlreiche neutrophile Myelozyten und Leukozyten, unter ersteren sehr viele mit basophiler Jugendquote. Ziemlich viele lymphozytenartige Elemente meist von der Größe der Normozyten (meist schmales Protoplasma, chromatinarmer Kern und bei den leicht gequetschten Formen meist 3—4 Nukleolen, einzelne weniger). Diese Zellen dürften trotz der Nukleolenzahl als junge Follikel-Lymphozyten zu deuten sein. Wenig typische Myeloblasten. Starke Karyorrhexis bei den Erythroblasten; ab und zu Phagozyten mit F l e m m i n g s „tingiblen Körpern", eosinophile Zellen selten; manche Promyelozyten.

Schnittpräparate: Differenzierung in Pulpa und Follikel bereits angedeutet; letztere allerdings nur in dickeren Schnitten leichter erkenntlich. Auch ziemlich viele Trabekel (in statu nascendi) zu konstatieren, zellreich mit langen spindelförmigen Kernen und meist einem Blutgefäß in der Mitte. Kapsel ziemlich dünn, aber deutlich entwickelt; zahlreiche Gefäße in der Pulpa.

Die Follikel zeigen nirgends Keimzentren, sind klein, unscharf begrenzt und von lockerem Aufbau und gruppieren sich um kleinere Arterien.

Die Follikellymphozyten sind mittelgroße Elemente von mäßigem Chromatingehalt, meist 1—3 manchmal ziemlich großen Nukleolen, wie es den Anschein hat, in der H e i d e n h a i n schen Chromatinkapsel eingeschlossen, ziemlich feinem Liningerüst, in dessen Fäden und Kreuzungspunkten der letzteren relativ spärliche Basichromiolen suspendiert sind; Kernmembran unregelmäßig konturiert, mit kleinen meist flachen Einfaltungen, selten rund, noch ziemlich dünn; keine Radspeichenanordnung des Basichromatins; Protoplasma meist ziemlich schmal, schwach basophil, in der Regel ohne hellen perinukleären Hof. Zwischen den lymphozytären Elementen sind Bindegewebszellen eingestreut. Die Endothelien der Follikulararterien sind häufig chromatinarm, bläschenförmig und zeigen ganz den Charakter wenig differenzierter embryonaler Bindegewebszellen.

In der Follikelperipherie, wo die Abgrenzung gegen die Pulpa unscharf ist, gelegentlich vereinzelte neutrophile Myelozyten und Leukozyten, aber nie in den mehr zentralen Follikelzonen; auch vereinzelte Erythrozyten.

Es lassen sich alle Übergänge vom typischen Follikel bis zum gefäßführenden (Arterie!) Trabekel ohne Einlagerung von Lymphozyten konstatieren.

An der Follikelperipherie finden sich auch Zellen mit Flemmings „tingiblen Körpern" und vereinzelt Mitosen im Stadium der Anaphase mit ziemlich grober basophiler Punktierung (möglicherweise Lymphozytenmitosen).

In der Pulpa viele z. T. sehr wenig differenzierte Bindegewebszellen, unter welchen viele typische Reticulumzellen erkennbar. Auch die Endothelkerne der Pulpagefäße (Kapillaren und größere Gefäße) zeigen nicht selten den schon oft erwähnten Charakter junger wenig differenzierter Bindegewebselemente (prominente, häufig bläschenförmige und meist chromatinarme Kerne), lassen jedoch nie ganz unzweideutige Beziehungen zur Blutbildung erkennen.

In den Reticulummaschen der Pulpa und in kleinen Pulpakapillaren (wahrscheinlich arteriellen) finden sich in diffuser Verteilung zahlreiche Erythrozyten, viele schwach polychromatische und orthochromatische chromatinreiche Normo- und Megaloblasten; vereinzelte „mittelgrob basophil punktierte" schwach polychromatische Normoblasten; auch schwach basophile Zellen mit feiner basophiler Punktierung am Ende der Mitose, häufig kernhaltige Rote mit den Symptomen der Karyorrhexis: Kernwandsprossung und Pyknose (Kleeblatt-, Rosettenfiguren usw.); ganz selten Megakaryozyten; ab und zu eosinophile Myelozyten und Leukozyten, häufiger (ziemlich reichlich) neutrophile Myelozyten und wenig neutrophile Leukozyten. Myeloblasten spärlich, auch wenige Zwischenformen solcher zu kaum differenzierten bläschenförmigen Bindegewebselementen. Die Myeloblasten der Milz scheinen sich nicht selten durch eine etwas geringere Basophilie des Protoplasmas auszuzeichnen (vielleicht schon „Zwischenformen") und treten am häufigsten in den subkapsulären Pulpazonen auf, untermischt mit den eben erwähnten mesenchymalen Zwischenformen und neutrophilen Myelozyten. Auch finden sich hier ganz junge basophile Erythroblasten, welche ebenfalls wie die

Myeloblasten, nur nicht so schön wie dort, eine Reihe von Zwischenformen zu wenig oder gar nicht differenzierten bindegewebigen Elementen der obengenannten Pulpazone erkennen lassen. Es würden sich also demnach Myeloblasten und die ganz jungen basophilen Erythroblasten mit noch relativ geringem Chromatingehalt von wenig oder gar nicht differenzierten Elementen des embryonalen Bindegewebes (sekundäres Mesenchym) ableiten. In der Kapsel finden sich ebenfalls stellenweise reichlich solche wenig oder gar nicht differenzierte mesenchymale Elemente, was von Bedeutung erscheint. In den venösen Kapillaren, den Pulpa- und Balkenvenen nicht selten Myeloblasten, ziemlich häufig auch Erythroblasten (meist orthochromatische), ab und zu eosinophile und auch neutrophile Myelozyten und Leukozyten und nicht selten kleine Lymphozyten, letztere gelegentlich nur mit Erythrozyten kombiniert in Balkenvenen. Nirgends finden sich größere Mengen von unreifen myeloischen Zellen in „epithelähnlicher“ Anordnung in den venösen Kapillaren und Pulpavenen; Erythrozyten (orthochromatisch) in mäßiger Menge in diesen Gefäßen. Gelegentlich findet man Endothelien in den venösen Kapillaren, welche den Verdacht auf endotheliale Hämatopoese aufkommen lassen, doch überzeugende Bilder konnte ich nicht konstatieren.

Diagnose: **Pulpa von den gering entwickelten Follikeln ohne Keimzentren unterscheidbar. In der Pulpa, d. h. in erster Linie in den Reticulummaschen derselben, starke Erythropoese und Leukopoese etwas geringer, und zwar höchstwahrscheinlich aus fast oder ganz indifferenten Elementen mesenchymaler Abstammung, während ein anderer Teil der letzteren sich zu Reticulumzellen und zu Blutgefäßendothelien zu differenzieren scheint. Diese wahrscheinlich nur zu einem kleinen Teil so entstehenden Blutzellen vermehren sich durch Mitose in den Reticulummaschen und venösen Kapillaren und Pulpavenen; eine endotheliale Hämatopoese in den venösen Kapillaren bzw. deren Anfängen in der Pulpa und vielleicht in den**

Pulpavenen ist nicht mit Sicherheit auszuschließen, jedoch auch nicht überzeugend nachzuweisen. Es macht ganz den **Eindruck**, daß Zwischenformen existieren zwischen Myeloblasten, und ganz jungen basophilen Erythroblasten einerseits, und mehr oder weniger indifferenten mesenchymalen Elementen anderseits. Es erscheint mir auch nicht unwahrscheinlich, daß die Protoplasmabasophilie der Myeloblasten und (basophilen) Erythroblasten und vielleicht auch anderer Zellen mit der Differenzierung aus indifferenteren Vorstufen zusammenhängt und durch eine physiologische Steigerung der protoplasmatischen und vielleicht auch der nukleären Stoffwechselprozesse bedingt ist; direkt dürfte dieselbe vielleicht mit der Nukleoalbumin-, eventuell zum Teil auch der Globulinsynthese zusammenhängen, welche ihrerseits wieder wahrscheinlich mit der Formierung der Basi- und Oxychromiolen in Beziehung steht. In den zentraleren Teilen der Follikel keine unreifen myeloischen Zellen, hingegen gelegentlich in der unscharfen Peripherie. Im eigentlichen Kapselgewebe keine myeloischen Elemente.

Niere.

Schnittpräparate: Im interstitiellen Gewebe hie und da ein isolierter Normoblast und eosinophiler Myelozyt. Keine myeloischen Formationen. In den Glomerulischlingen relativ viele Erythroblasten, auch solche in Mitose.

Diagnose: Geringe extravaskuläre Erythro- und Leukopoese im interstitiellen Bindegewebe; vielleicht intrakapilläre Erythropoese in den Glomerulusschlingen. Keine beweisenden Bilder für endotheliale Hämatopoese.

Zusammenfassung.

Leber: Sehr starke extra- und intrakapilläre Erythropoese und Myeloblastopoese; wenige intra- und extrakapilläre Myelozyten. Sehr intensive extravaskuläre Leukopoese (vorwiegend neutrophile Myelozyten), in den Spalten des Glissonschen Gewebes und geringe extravaskuläre Erythropoese daselbst. Keine genügenden Anhaltspunkte für endotheliale Hämatopoese.

Thymus: Starke Leukopoese und geringere Erythropoese extravaskulär im Bindegewebe der Septen. Geringere Leukopoese und etwas stärkere Erythropoese extravaskulär in den Reticulummaschen von Mark und Rinde. Zahlreiche degenerierende zellige Elemente im Mark. Keine genügenden Anhaltspunkte für endotheliale Blutbildung.

Pankreas: Ausgedehnte extravaskuläre Erythropoese und Leukopoese im interstitiellen Bindegewebe des Pankreas. Keine beweisenden Bilder für endotheliale Hämatopoese.

Lymphdrüse: Ziemlich erhebliche extravaskuläre Leuko- und Erythropoese in den Marksträngen zwischen den Elementen des Bindegewebes und kleinen Lymphozyten und regellos mit denselben vermischt; mit Vorliebe jedoch in der Nähe von größeren Gefäßen.

Nicht unbedeutende Leuko- und Erythropoese in den Lymphsinus sowie in einem fast zentral gelegenen Bindegewebsbezirk der Drüse, und zwar in den Spalten des embryonalen Bindegewebes. Existenz von Zwischenformen zwischen Myeloblasten und indifferenten oder wenig differenzierten Mesenchymzellen. Beginnende Follikelbildung im Cortex der Drüse, ohne Keimzentrum, aus kleinen Lymphozyten bestehend. Keine Beweise für endotheliale Blutbildung. Geringe Hämatopoese im Kapselgewebe.

Knochenmark (Femur): Zum Teil vorwiegend myelozytär-myeloblastisches Mark und zum kleineren Teil „primäres" Knochenmark. Extravaskuläre Leukopoese und Erythropoese, letztere gering. Keine genügenden Anhaltspunkte für endotheliale Hämatopoese.

Milz: Follikel im Beginn ihrer Bildung, ohne Keimzentren und aus mittelgroßen Lymphozyten bestehend. Pulpa ziemlich stark myeloisch: starke Erythropoese und etwas geringere Leukopoese in den Reticulummaschen; wahrscheinliche Entstehung eines kleineren Teils der myeloischen Elemente (manche Myeloblasten und basophile Erythroblasten) aus relativ indifferenten Mesenchymzellen und Bildung der Mehrzahl durch Mitose in den Reticulummaschen und auch in den venösen Kapillaren und Pulpavenen. Endotheliale Hämatopoese in den venösen Kapillaren nicht mit Sicherheit auszuschließen. Keine Hämatopoese im eigentlichen Kapselgewebe.

Niere: Geringe extravaskuläre Erythro- und Leukopoese im interstitiellen Bindegewebe; vielleicht intrakapilläre Erythropoese in den Glomerulusschlingen. Keine beweisenden Bilder für endotheliale Hämatopoese.

Es soll hier noch betont werden, daß die oft erwähnten Megaloblasten (beim Fötus) möglicherweise nicht den typischen Ehrlichschen Megaloblasten entsprechen, sondern einfache „Megaloformen" der „sekundären" Erythroblasten repräsentieren.

IV. Teil.

Zum Schluß handelt es sich nun darum, die verschiedenen Befunde unter einheitlichen Gesichtspunkten zu betrachten und dabei erweist es sich als zweckmäßig, zuerst die Verhältnisse der fötalen Blutbildung einer kritischen Sichtung zu unterziehen. Dann soll versucht werden, den Erscheinungskomplex der pathologischen postfötalen Leuko- und Erythropoese quasi auf den embryonalen Blutbildungsmodus zu projizieren und durch Vergleich eine Erklärung für ersteren zu finden.

Bei Untersuchung der fötalen Organe traten d r e i A r t e n v o n H ä m a t o p o e s e in Erscheinung:

D e r   e r s t e , weitaus wichtigste und umfangreichste Blutbildungsmodus ist der „e x t r a v a s k u l ä r e“, welcher sich außerhalb der Gefäße in den Spalten des embryonalen Bindegewebes bzw. zwischen den Leberzellen und im Parenchym der Thymus abspielt.

D e r   z w e i t e   M o d u s   ist der sogenannte „i n t r a - v a s k u l ä r e“, welcher hauptsächlich in mehr oder weniger weiten venösen Kapillaren statthat.

A l s   d r i t t e r   M o d u s   kommt endlich der sogenannte „i n t r a s i n u ö s e“ in Betracht, wo die Hämatopoese in den Sinus der Lymphdrüsen verläuft.

 ad Modus 1: Hier ist zu bemerken, daß die myeloischen Zellen (Myeloblasten, eosinophile und neutrophile Myelozyten und Leukozyten, Normo- und Megaloblasten (basophile, amphophile und orthochromatische) sowie polychromatische und orthochromatische Erythrozyten mit Vorliebe in der Nähe von Blutgefäßen auftreten (sogenannte „perivaskuläre“ Anordnung). Diese bisher unaufgeklärte Tatsache wird verständlich, wenn man die Befunde von K. M a r c i n o w s k i [1] an Amphibien auf mensch-

---

[1] l. c.

liche Embryonen überträgt, wonach Endothelien, Blutkörperchen und Bindegewebszellen von einer gemeinsamen Vorstufe, nämlich der indifferenten Mesenchymzelle bzw. indifferenten mesenchymalen Blutinselzelle abstammen. Es dürfte sich hier wahrscheinlich nur um sekundäres Mesenchym handeln, immerhin erscheint eine Beteiligung ektodermalen Mesenchyms nicht außer dem Bereich der Möglichkeit (wenigstens bei Amphibien).

Ein Punkt scheint mir allerdings der Erwähnung wert, ob nicht einem Teil oder allen indifferenten Mesenchymzellen die bekannten drei Differenzierungspotenzen von vornherein in ungleichem Maße zukommen, oder ob diese drei Qualitäten gleichmäßig auf obige Elemente verteilt sind, daß dieselben aber zu verschiedenen Zeiten und unter localiter verschiedenen Bedingungen manifest werden, indem je nachdem die eine oder andere Tendenz das Übergewicht erlangt. Vielleicht handelt es sich hier um chemische Reflexketten, welche die morphologische Gestaltung dirigieren.

Um nun auf die extravaskuläre Blutbildung zurückzukommen, so muß hier besonders hervorgehoben werden, daß die erwähnten myeloischen Elemente nicht bloß perivaskulär, wie bisher immer betont wurde, sondern, wie ich feststellen konnte, außerdem auch ohne engere räumliche Beziehungen zu Gefäßen im Bindegewebe getroffen werden, und zwar regellos vermischt mit embryonalen Bindegewebs- bzw. mehr oder weniger indifferenten Mesenchymzellen. Diese Tatsache scheint mir darauf hinzuweisen, daß zu gewissen Zeiten des Embryonallebens eine mehr oder weniger diffuse Blutbildung im Körper existiert. Der Befund zahlreicher extravaskulärer myeloischer Komplexe in Leber und Pankreas, d. h. also im vorderen und hinteren Mesenterium, würde allerdings noch nicht genügen, obige Ansicht zu stützen, allein der Nachweis zahlreicher hämatopoetischer Herde in Mark, Rinde und Septen der Thymus, also im Bereich der 3. Kiemenspalte, scheint mir nun doch ein Fingerzeig dafür zu sein, daß die embryonale Blutbildung nicht bloß auf hinteres und vorderes Mesenterium beschränkt ist, sondern zu gewissen Embryonalzeiten offenbar eine mehr oder minder diffuse Ausbreitung besitzt.

Durch diese Annahme und durch Hineinsprossen der verschiedenen Organanlagen (Leber, Pankreas, Thymus usw.) in das gefäß- und blutzellenhaltige embryonale Bindegewebe, welches wohl auch noch indifferente Mesenchymelemente enthält, erklärt sich der Erscheinungskomplex der embryonalen Blutbildung in den verschiedenen Organen ohne weiteres. Bezüglich der Details dieses hämatogenetischen Fundamentalprinzips verweise ich auf meine oben entwickelten Thesen.

Für die Ansicht, daß noch ganz indifferente Mesenchymzellen zu dieser Zeit des Fötallebens vorhanden sind, und daß die unreifsten Elemente der leuko- und erythrozytären Reihe in erster Instanz aus ihnen hervorgehen, scheint mir die Existenz von sogenannten Zwischenformen zu Myeloblasten und zu basophilen Erythroblasten zu sprechen. Es liegt in der Natur der Sache, daß hier nicht von einem „einzigen Zwischenformstypus" gesprochen werden kann, welcher morphologisch genau zu „fassen" wäre, sondern es ist eine kontinuierliche Reihe solcher Übergänge vorhanden. Ich habe oben bei der Schilderung der fötalen Milz auch den Gedanken entwickelt, daß die protoplasmatische Basophilie der Myeloblasten und (basophilen) Erythroblasten und wohl auch anderer Zellen mit der Differenzierung aus indifferenteren Vorstufen zusammenhängt und (bei diesen beiden Zellrassen) wahrscheinlich durch physiologische Steigerung der Stoffwechselprozesse im Zelleib und indirekt wohl auch im Kern bedingt ist. Ich gab dort auch der Vermutung Ausdruck, daß es sich um eine potenzierte Synthese der (sauren, phosphor- und meist auch eisenhaltigen) Nukleoalbumine und vielleicht auch der Globuline im Protoplasma handelt. Dieser Prozeß würde dann seinerseits mit der Nukleoproteidsynthese im Kern, d. h. der Formierung der Basi- und Oxychromiolen und sekundär auch der Nukleolen in kausalem Zusammenhang stehen, wobei letztere nach H e i d e n - h a i n [1]) als Abfallsprodukt bei der Chromatinvermehrung infolge Abspaltung phosphorfreier, vorwiegend basischer Eiweißkörper (Histon) entstehen.

Abgesehen von diesem Bildungstypus aus indifferenteren Vorstufen existiert noch ein karyokinetischer, welcher in dieser Fötalperiode wohl das Hauptkontingent der unreifen myeloischen Elemente im embryonalen Bindegewebe bzw. im Hepar zwischen den Leberzellen und im Parenchym der Thymus liefert, und zwar auch Myeloblasten und basophile Erythroblasten. Alle diese

---

[1]) Prof. Dr. M. H e i d e n h a i n , Plasma und Zelle. 1907. I. Abt.

Elemente gelangen wohl zum größten Teil in die benachbarten Gefäße (besonders venöse Kapillaren und kleine Venen), und zwar, wie S c h r i d d e [1]) und L o b e n h o f f e r [2]) sehr schön nachgewiesen haben, entweder durch aktive Einwanderung oder durch vorhergehende Auflösung der Gefäßwand, welche sich dann hinter dem einverleibten Blutzellherd wieder schließt. In den Gefäßen, z. B. in den bekannten Aussackungen der Pfortaderkapillaren (L o b e n h o f f e r) findet dann die weitere Reifung statt, soweit sie nicht schon als „unreife" Elemente in Zirkulation geraten. Ich möchte nach Bildern an fötalem Knochenmark (Femur) vermuten, daß dort und vielleicht auch in andern Organen manche venöse Kapillaren mindestens eine Zeitlang nicht allseitig von Endothel begrenzt sind, vielleicht zu dem Zweck, um den extravaskulären Erythrozyten und eventuell auch pyknotischen Erythroblasten den Eintritt in das Lumen zu erleichtern, falls dieses Phänomen nicht durch endotheliale Hämatopoese oder Auflösung der Kapillarwand durch anliegende myeloische (unreife) Elemente zustande kommt.

ad Modus 2: Betreffs der sogenannten intravaskulären Hämatopoese kann ich auf das eben Gesagte verweisen. Außer der definitiven Reifung findet sich hier aber auch mitotische Vermehrung unreifer myeloischer Elemente. Hingegen fanden sich keine Anhaltspunkte für endotheliale Hämatopoese, weder intra- noch extrakapillär; doch soll deshalb diese Möglichkeit aus vergleichend-entwicklungsgeschichtlichen Gründen nicht von der Hand gewiesen werden. Am ehesten schiene mir noch eine blutbildende Tätigkeit der venösen Kapillarendothelien in der Milzpulpa und der (intralobulären) portalen Kapillarendothelien in der Leber plausibel, besonders am Beginn erstgenannter Gefäße; allein ein stringenter Beweis für diese Auffassung steht noch aus. Dieser intravaskuläre Modus der Hämatopoese hat in diesem Fötalstadium bei weitem nicht die Ex- und Intensität des extravaskulären Blutbildungsprozesses und findet sich unter anderm auch in den Pfortaderkapillaren.

ad Modus 3: Hier spielt sich die Erythro- und Leukopoese

---

[1]) Dr. H. S c h r i d d e , Über die Herkunft und Entstehung der menschlichen Blutzellen. 1907.

[2]) l. c.

in den Lymphsinus der Lymphdrüsen ab, und zwar wohl vorwiegend auf dem Wege der Reifung jüngerer Elemente und der Karyokinese. Eine autochthone Entstehung aus indifferenten Vorstufen in den Sinus liegt bei embryonalen und postfötalen Lymphdrüsen nicht außer dem Bereich der Möglichkeit, hat aber vielleicht nur mäßige quantitative Bedeutung. Die intrasinuösen myeloischen Elemente sind wohl größtenteils durch die Vasa afferentia zugeführt; ein kleinerer Teil gelangt eventuell aus den Marksträngen mit vorhergehender lokaler Auflösung des Sinusendothels (durch die eindringenden Elemente) in die Lymphsinus der Drüse. Gegenüber den Marksträngen überwiegen in den Sinus meist die reiferen Typen, und es ist nicht unmöglich, daß außer gewissen von außen eingeschwemmten unreifen Zellen auch manche unfertige myeloische Markstrangelemente in den Sinus eine gewisse Reife durchmachen. Bei postfötalen Lymphdrüsen (Leukämie usw.) sprechen verschiedene Beobachtungen dafür, daß die myeloische Metaplasie vorwiegend von den Marksträngen (extravaskulär) ausgeht.

Bevor ich nun auf meine Auffassung über das Zustandekommen der myeloischen Umwandlung in den verschiedenen Körperbezirken zu sprechen komme, möchte ich anticipando bemerken, daß infolge der generellen Ausbreitung der spezifischen histopathologischen Veränderungen bei myeloischer Leukämie (welcher Prozeß histogenetisch mit den myeloischen Wucherungen bei Anämien — z. T. aplastischen — Infektionen usw. prinzipiell übereinstimmt) nur zwei Möglichkeiten in Betracht kommen können.

Die eine derselben, welche sich auf die Blutgefäß-Endothelien als Ausgangspunkt myeloischer Proliferationen bezieht, wurde schon 1892 von M. B. S c h m i d t vertreten, und kürzlich haben sich auch L o b e n h o f f e r[1]) und S c h r i d d e dieser Vorstellung angeschlossen, allerdings mit der Modifikation der heteroplastischen oder indirekt-metaplastischen Genese.

Da der exakte unwiderlegliche Nachweis der endothelialen Hämatopoese bisher jedoch weder für den normalen Embryo noch für pathologische postfötale Verhältnisse geleistet wurde, sondern nur mehr oder weniger wahrscheinlich gemacht werden

---

[1]) l. c.

konnte, so sind andere Erklärungsmöglichkeiten immer noch nicht aus dem Felde geschlagen und von S c h r i d d e auch nicht ganz abgelehnt.

Der Nachweis verschieden beschaffener Kerne in der innersten Schicht der Intima ist nicht genügend für die Annahme endothelialer Blutbildung, denn diese Variationen an den Endothelien hängen höchstwahrscheinlich nur mit der Entwicklung junger Elemente zu differenzierten Endothelien zusammen. Ich bin auch auf Grund von Befunden an fötalen Organen (Lymphdrüse, Leber usw.) zu der Ansicht gelangt, daß höchstwahrscheinlich ein großer Teil embryonaler Endothelien aus mehr oder weniger differenzierten embryonalen Bindegewebszellen und natürlich auch deren ganz indifferenten mesenchymalen Vorstufen durch einfache Aneinanderlagerung hervorgeht.

Auch die Konstatierung zahlreicherer Endothelmitosen ist noch kein Beweis für endotheliale Blutbildung, denn einmal können dieselben bei starker intra- und extravaskulärer Hämötopoese ganz oder größtenteils fehlen, und ferner müßte zuerst entschieden werden, ob dieselben nicht sekundär bedingt sind durch starkes lokales Gewebswachstum. Außerdem sind Endothelmitosen eine Rarität.

Ein Punkt, auf welchen S c h r i d d e aufmerksam macht, muß hier noch ausführlicher besprochen werden. Genannter Autor berichtet nämlich, daß im menschlichen Embryo bis zu 12 mm Länge in Dottersack, Bauchstiel und Körper nur sinuöse Bluträume mit intravaskulären Megaloblasten (E h r l i c h sche) existieren und daß im übrigen Gewebe keine zellulären Elemente zu finden seien, welche mit Blutzellen in Beziehung gebracht werden könnten. Die Genese der Megaloblasten erklärt S c h r i d d e entweder durch „H e t e r o p l a s i e“, d. h. durch Entwicklung aus undifferenziert gebliebenen „Gefäß-Wandzellen“ oder durch „i n d i r e k t e M e t a p l a s i e“ aus typischen ausdifferenzierten Endothelien der betreffenden sinuösen Räume. Erst von 12 mm Embryolänge an erscheinen nach Angabe des Autors extravaskuläre Blutzellenkomplexe (sekundäre Erythroblasten, Myeloblasten und Riesenzellen), welche ebenfalls von den „Gefäß-Wandzellen“ abgeleitet werden. — Die letzteren Elemente hätten demnach zu verschiedenen Embryonalzeiten verschiedene Differenzierungstendenzen, welche jedoch potentialiter schon in

den Vorstufen der „Gefäß-Wandzelle" aufgespeichert sein müssen,
d. h. also nach unserer Auffassung, in der indifferenten Mesenchym-
bzw. mesenchymalen Blutinselzelle. Möglicherweise sind es physi-
kalisch-chemische Bedingungen im umgebenden Gewebe, welche
auf die Differenzierungspotenzen der Mesenchymzellen einen auslösenden Einfluß besitzen bzw. den zeitlichen Ablauf derselben
regulieren. Vielleicht sind jedoch auch mehr oder weniger auto-
nome Mechanismen und Chemismen (Kettenreflexe) in der Mesenchymzelle selbst im Spiel, welche einen gleichsam automatischen
Verlauf der biologischen und morphologischen Differenzierung
bedingen.

Die Angaben von S c h r i d d e ließen sich nach meiner
Meinung vielleicht auch so interpretieren, daß bei menschlichen
Embryonen bis zu 12 mm Länge indifferente Mesenchymzellenkomplexe bzw. Blutinselanlagen nur befähigt sind, aus den zentral
gelegenen Elementen Megaloblasten und aus den peripheren
Zellen „Gefäß-Wandzellen" bzw. ausdifferenzierte Endothelien
zu produzieren. Von 12 mm Embryolänge an würde sich dann
die Sachlage in der Weise ändern, daß auch mehr zentral ge-
legene Elemente der Blutinseln — welche letzteren, d. h. die
Blutinseln, also wohl die Anlage der von S c h r i d d e erwähnten
sinuösen Räume repräsentieren — sich zu Endothelien differenzieren, so daß infolgedessen die peripher gelegenen Zellen der
Blutinsel extravaskulär zu liegen kommen. Diese extravaskulären
bzw. perivaskulären Blutinselelemente differenzieren sich dann
(wohl z. T. infolge anderer Beschaffenheit des Milieus) zu Myeloblasten, sekundären Erythroblasten und Riesenzellen. Ich
glaube, auf diese Weise könnten die Angaben von S c h r i d d e
dem Verständnis näher gebracht werden. Im übrigen sprechen
die Untersuchungen von M a r c i n o w s k i[1]) für die Fähigkeit
sämtlicher Blutinselelemente, unter gewissen Bedingungen Endothelien zu bilden. Auch die Angaben von D a n t s c h a k o f f[2])
könnten Licht auf diese Probleme werfen. Dort wird von leeren
Gefäßräumen, mit histiogenen Wanderzellen zwischen letzteren,
im vorderen Teil der Area vasculosa berichtet, während in den
seitlichen und hinteren Regionen des Gefäßhofs kleinere und

---

[1]) l. c.
[2]) l. c.

größere Blutinseln liegen, deren periphere Elemente sich zu Endothelien, während die zentralen sich zu Blutzellen entwickeln. Einzelne Blutinseln bleiben aber zwischen den neugebildeten Gefäßen im Gewebe liegen, und deren Elemente verhalten sich am Anfang identisch mit den intravaskulären, fangen aber dann allmählich an sich zu lockern, und bald finden sich intra- und extravaskulär überall zerstreut sogenannte „Lymphozyten" oder richtiger „primitive Blutzellen", welche weniger vollkommene Erythroblasten und Erythrozyten liefern sollen als die späteren Lymphozyten. Diese Befunde scheinen mir darauf hinzuweisen, daß in einem und demselben Embryonalstadium in den einen Blutinseln sich die peripheren und in den anderen die mehr zentral gelegenen Blutinselelemente zu Endothelien differenzieren, und daß diese beiden Modi auf verschiedene Bezirke der Area vasculosa mehr oder weniger einseitig verteilt sein können. Auch zeitlich könnten diese beiden Bildungstypen eine ungleiche Verteilung erleiden. Durch eine unscharfe räumliche und zeitliche Trennung der eben erwähnten zwei Formationsmodi könnten meiner Ansicht nach die Befunde von S c h r i d d e verständlich werden.

Diese Überlegungen gelten natürlich auch für die embryonale Leber, wo viele Tatsachen einfach unverständlich bleiben, wenn man nicht annimmt, daß zwischen den von der vorderen Darmwand ausgehenden Lebersprossen größere und kleinere Herde indifferenter und wenig differenzierter Mesenchymzellen bzw. Gefäße und extravaskuläre Blutbildungsherde (als Bestandteile des vorderen Mesenteriums) liegen bleiben. Die Reihenfolge in der morphologischen Differenzierung der indifferenten Mesenchymzellen, d. h. deren mögliche Ursachen, habe ich oben kurz angedeutet.

Über die Herkunft der „Gefäß-Wandzellen" der erwähnten sinuösen Räume fand ich in den mir zugänglichen Publikationen S c h r i d d e s keine bestimmten Angaben. Für die Abstammung der „primären" Erythroblasten aus „Gefäß-Wandzellen" und Endothelien der sinuösen Räume scheinen mir auch noch keine stringenten Beweise vorzuliegen, doch soll diese Möglichkeit keineswegs bestritten werden.

Der Autor nimmt auch an [1]), daß in den Gefäßen undifferenziert gebliebene „Gefäß-Wandzellen" vorhanden seien, aus

---

[1]) Dr. H. S c h r i d d e , Deutsche med. Wochenschr. 1908, Nr. 3.

welchen durch Heteroplasie „primäre" Erythroblasten entstehen. Handelt es sich hier vielleicht nicht um mehr oder weniger indifferente (mesenchymale) Elemente, welche sich ebensogut zu myeloischen Zellen als zu Endothelien und eventuell auch zu Bindegewebszellen entwickeln können? Infolge Mangels an ganz frühen embryonalen Stadien konnte ich diese Fragen nicht entscheiden, doch sollen die oben angedeuteten Möglichkeiten hiermit zur Diskussion gestellt werden.

Was nun die Anschauung von Naegeli über das Zustandekommen pathologischer postfötaler myeloischer Formationen betrifft, so läßt dieser Autor bekanntlich nicht bloß lymphatische, sondern auch myeloische Proliferationen aus Adventitiazellen hervorgehen, welchen er gegenüber den übrigen Bindegewebszellen im Körper einen indifferenten Charakter vindiziert. Diese Ansicht hat, wie mir scheint, sehr viel für sich, es ist jedoch dazu zu bemerken, daß beim Embryo nicht bloß eine adventitielle und perivaskuläre Blutbildung statthat, sondern dieselbe ist oft im Bindegewebe ohne engere räumlicheBeziehungen zu Gefäßen etabliert und hat zeitweise höchstwahrscheinlich eine mehr oder weniger diffuse Ausbreitung im Körper.

Auch bei der pathologischen postfötalen Hämatopoese fehlen häufig ersichtliche räumliche Beziehungen myeloischer Formationen zur Adventitia von Gefäßen, sondern unreife myeloische Elemente liegen oft isoliert weitab von adventitiaführenden Gefäßen in Spalten und Maschen des Bindegewebes.

Der Begriff der adventitiellen und perivaskulären Leuko- und Erythropoese hat nur insofern Berechtigung, als die myeloischen Komplexe infolge der engen verwandtschaftlichen Beziehungen zu Endothelien (und Bindegewebszellen), welche höchstwahrscheinlich auch bei den Säugetieren bestehen, in der unmittelbaren Umgebung der Blutgefäße am häufigsten und umfangreichsten sind.

Bei pathologischer postfötaler Blutbildung kommt nach meiner Ansicht als erklärendes Moment für die perivaskuläre und adventitielle Anordnung noch hinzu, daß die substanzielle Ursache myeloischer Wucherungen eben in den Gefäßen zirkuliert und naturgemäß jene differenzierten oder indifferenten Bindegewebszellen zuerst und in konzentriertester Weise zu myeloischer Proliferation anfacht, welche dem Gefäßlumen zunächst liegen. Daraus resultiert aber noch nicht der Schluß, daß die Bindegewebszellen der Adventitia von denen der übrigen Gewebsbezirke prinzipiell verschieden seien, bzw. das indifferente Elemente dieser Zellgattung lediglich in der Adventitia existieren. Auch ist zu berücksichtigen, daß das adventitielle Bindegewebe kontinuierlich in das perivaskuläre bzw. das der Umgebung übergeht, und daß die histologische Technik bis jetzt noch keine qualitativen Differenzen zwischen beiden konstatieren konnte, welch letzterer Umstand allerdings noch nicht allzuviel besagen will. Was die Möglichkeit einer bei der Aussprossung der embryonalen Bluträume stattfindenden Verschiebung von Gefäß-Wandzellen in das adventitielle Gewebe betrifft, so könnte dieser Vorgang, ganz abgesehen von seinem hypothetischen Charakter, nicht genügen, alle Erscheinungsweisen myeloischer Wucherung zu erklären; denn wie ich schon oben betonte, geht die Bildung myeloischer Elemente oft ganz abseits von Gefäßen und ohne jede Beziehung zur Adventitia derselben in den Maschen des retikulären Bindegewebes vor sich. — An dieser Stelle möchte ich nicht vergessen zu erwähnen, daß nach S c h a p e r und C o h e n [1]) im ganzen Bindegewebe sogenannte „zellproliferatorische Wachstumszentren“ oder „Indifferenzzonen“ in diffuser Weise verbreitet sind, d. h. Bindegewebszellkomplexe und auch isolierte bindegewebige Elemente, welche ihren embryonalen Charakter (Indifferenz) beibehalten haben. Es ist auch möglich, daß das adventitielle Bindegewebe besonders reich an solchen Indifferenzzonen ist.

Auf der Basis der eben erwähnten Tatsachen und Einwände und auf Grund des Faktums, daß die Bindegewebszellen phylogenetisch und ontogenetisch auf sehr niedriger Differenzierungsstufe stehen; auf Grund ferner des Umstandes, daß bei der generellen Verbreitung des myeloisch-leukämischen Wucherungsprozesses von vornherein wohl nur Blutgefäßendothelien oder Bindegewebszellen als Ausgangspunkt in Frage kommen können, und endlich in Berücksichtigung der wohl höheren Differenzierung der Endothelien und des noch nicht gelieferten Existenzbeweises

---

[1]) A. S c h a p e r und C. C o h e n , Über zellproliferatorische Wachstums-Zentren und deren Beziehung zur Regeneration und Geschwulstbildung. Arch. f. Entwicklungsmechanik der Organismen, Bd. XIX, 1905.

undifferenzierter embryonaler Elemente (Wandzellen) unter den Endothelien während des ganzen Lebens möchte ich folgende Ansicht vertreten:

Die myeloischen Wucherungen gehen hervor aus Bindegewebszellen, und zwar

I. Entweder aus Bindegewebszellen ohne besondere Differenzierung, welche nicht bloß in der Adventitia, sondern im ganzen Bindegewebe verbreitet sind und den Schaper-Cohenschen zellproliferatorischen Wachstumszentren oder Indifferenzzonen entsprechen. Für sehr wahrscheinlich halte ich es, daß auch diese Komponenten der (relativen) Indifferenzzonen zuerst noch eine gewisse Entdifferenzierung durchmachen müssen, bevor sie die Fähigkeit erhalten, myeloische Elemente und eventuell auch Endothelien aus sich hervorgehen zu lassen. Der erstere Modus würde als „Heteroplasie" und der letztere, streng genommen, als „indirekte Metaplasie" zu bezeichnen sein[1]), wenn diese Begriffe von Schridde hier Verwendung finden sollen, was mir als zweckmäßig erscheint.

II. Die pathologischen postfötalen myeloischen Formationen können ferner hervorgehen aus allen (oder wenigstens einem sehr großen Teile der) differenzierten Bindegewebszellen in sämtlichen Regionen des Körpers, und zwar wohl nur auf dem Wege der indirekten Metaplasie, d. h. nach Verlust der spezifischen morphologischen und biologischen Charaktere und Rückkehr zu einer Indifferenzzstufe, welche vielleicht der indifferenten Mesenchymzelle (Blutinselzelle) entspricht. Von diesem Entdifferenzierungsstadium aus könnte dann die progressive Entwicklung nach der myeloischen Richtung erfolgen (bzw. auch zu Endothelien).

Da es keinem Zweifel unterliegt, daß die Bindegewebszellen zu den niedrigst differenzierten Elementen des menschlichen Körpers gehören, so ist es ziemlich sicher, daß die Fähigkeit der mitotischen Teilung jeder Bindegewebszelle zukommt, wobei allerdings je nach Alter und vielleicht auch Differenzierungsrichtung individuelle Unterschiede bestehen dürften betreffs Intensität und Qualität (physiologische oder pathologische) der die Mitose auslösenden Reize.

---

[1]) Da es sich hier vielleicht nur um eine „relative" Indifferenz handelt.

Ist die Karyokinese einmal in Gang gesetzt, so können die myeloischen Proliferationsreize auch auf die jüngsten Teilungsprodukte (Fibroblasten) einwirken, und zwar im Sinne einer Entdifferenzierung zu einer noch vollkommneren Indifferenzstufe, welche durch eine kontinuierliche Reihe von Übergangstypen zu den unreifsten myeloischen Elementen (Myeloblasten, basophile Erythroblasten) überleiten würde.

Der Vorgang der Entdifferenzierung und der darauffolgenden Entwicklung nach der myeloischen Seite ist wohl sicher durch den gleichen myeloischen Proliferationsreiz bedingt (z. B. leukämische Noxe).

Als III. Modus käme endlich noch die sogenannte „d i r e k t e M e t a p l a s i e" differenzierter Bindegewebszellen in Betracht, d. h. eine direkte Umprägung dieser Zellen zu unreifen myeloischen Elementen ohne vorausgehende Preisgabe der spezifischen Charaktere. Dieser Vorgang hat jedoch sehr wenig Wahrscheinlichkeit für sich.

Unter den angedeuteten Möglichkeiten dürfte jedenfalls der Entstehung aus den S c h a p e r - C o h e n schen Indifferenzzonen die größte Bedeutung zukommen.

Hinsichtlich der Genese der myeloischen Metaplasie wird der Prozeß wohl so vor sich gehen, daß die betreffenden Proliferationsreize (wohl z. T. Bakterientoxine und andere toxische Substanzen) durch die Gefäßwände mehr oder weniger tief in das umgebende Gewebe eindringen und die Bindegewebselemente in der oben skizzierten Weise beeinflussen.

Nachdem ich nun die Grundzüge meiner Auffassung entwickelt habe, soll auf die Frage eingegangen werden, wie die pathologischen myeloischen Aggregate in jenen Körperbezirken entstehen, wo nach Auffassung der Majorität der Autoren keine Bindegewebszellen existieren, wie z. B. in den Leberläppchen. Zu dieser Frage ist zu bemerken, daß der Beweis noch nicht geleistet ist, daß die sogenannten K u p f e r schen Sternzellen mit den Kapillarendothelien identisch sind, und daß sie nicht perikapilläre Bindegewebszellen repräsentieren. Von verschiedenen Autoren wie E b e r t, M o i s e F r e n k e l, S. M a y e r, A s c h, P l a t e n, B r a s s, B ö h m und D a v i d o f f[1]

---

[1] Zitiert nach A. O p p e l, Lehrbuch der vergleichenden mikroskopischen Anatomie der Wirbeltiere. Bd. III. 1900.

wird das Vorkommen perikapillärer fortsätzetragender, zelliger Elemente erwähnt, von einigen derselben als Bindegewebszellen interpretiert und von den anderen als K u p f e r sche Sternzellen bezeichnet.

Aus dieser Verwirrung scheint mir so viel hervorzugehen, daß perikapilläre, d. h. also extravaskuläre zellige Elemente existieren, welche mit Bindegewebszellen zum mindesten die größte Ähnlichkeit besitzen, falls sie nicht tatsächlich solche sind; ferner, daß die K u p f e r schen Sternzellen möglicherweise sich mit ersteren identisch erweisen und offenbar mit den Kapillarendothelien nicht verwechselt werden dürfen. Daß diese perikapillären Elemente von zahlreichen Untersuchern noch nicht beobachtet wurden, beruht sowohl z. T. darauf, daß dieselben atrophisch sind (infolge ungenügender funktioneller Beanspruchung) und deshalb vielleicht als Kapillarendothelien angesehen werden. Es wäre meiner Ansicht nach auch gar nicht unmöglich, daß diese fraglichen Zellen Überreste der extrakapillären unreifen Blutelemente oder deren mesenchymale Vorstufen aus der Embryonalperiode sind und einer bindegewebigen Metamorphose anheimfallen. Nach dem gegenwärtigen Stand der Dinge glaube ich also vorläufig noch eine gewisse Berechtigung zu haben, extrakapilläre myeloische Wucherungen in den Leberläppchen mit den fraglichen perikapillären Elementen von wahrscheinlichem Bindegewebscharakter in eine zum mindesten mögliche genetische Relation setzen zu dürfen, und zwar nach den oben geschilderten Prinzipien.

Andererseits soll aber die Möglichkeit der endothelialen Abstammung obiger intralobulärer (in- und extrakapillärer) myeloischer Formationen aus vergleichend-entwicklungsgeschichtlichen Gründen keineswegs bestritten werden, doch steht ein stringenter Beweis hierfür ebensogut aus wie für die anderen Auffassungen. Auch in der Milzpulpa scheint eine endotheliale Hämatopoese der venösen Kapillar-Endothelien der Diskussion wert, doch ist damit natürlich nicht gesagt, daß deswegen Blutbildung aus Bindegewebszellen nicht in der Milz vorkomme.

Der Prozeß der Einschwemmung, Retention und damit verbundener mitotischer Vermehrung und Reifung unfertiger myeloischer Elemente in die Pfortaderkapillaren könnte in manchen Fällen eine gewisse Rolle spielen, doch niemals ist er imstande, sämtliche Erscheinungsweisen intralobulärer Blutbildung zu erklären. Möglicherweise kommt bei diesem Modus nicht bloß der geringen Strömungsgeschwindigkeit, sondern auch der eigenartigen Beschaffenheit des Pfortaderblutes eine disponierende Bedeutung hinsichtlich der Karyokinese zu.

Es soll nun noch das Verhalten der Follikel bei myeloischer Metaplasie lymphatischer Organe kurz berührt werden.

Nach der mechanischen Auffassung schwinden die Follikel durch Druck der myeloisch wuchernden Pulpa, bzw. Markstränge (in Lymphdrüsen). Es scheint mir jedoch nicht ausgeschlossen, daß auch pathologische Veränderungen der Follikulargefäße an der Atrophie der Follikel beteiligt sein können. Auch Sekretion heterolytischer Fermente von seiten gewisser myeloischer Zellen des umgebenden Gewebes (z. B. Milzpulpa) könnte behufs Erklärung des Follikelschwundes in Betracht kommen. Ferner ist möglich, daß der gleiche myeloische Proliferationsreiz gleichzeitig eine Follikular-Nekrose bzw. Atrophie erzeugt (z. B. gewisse Bakterientoxine).

Der Grund, weshalb die myeloische Wucherung primär in der Milzpulpa, bzw. in den Marksträngen einsetzt, dürfte z. T. mit der hauptsächlich arteriell-kapillären Vaskularisation der Follikel zusammenhängen — die ersten Anfänge der venösen Kapillaren verlaufen nur in der Peripherie der Follikel von Lymphdrüsen und Schleimhäuten und fehlen in den Milzfollikeln. Vielleicht sind auch die Reticulumzellen der Follikel infolge dieser Blutversorgungsverhältnisse nicht oder weniger zu „indirekt metaplastischen" Prozessen disponiert; oder, was mir ebenfalls Berücksichtigung zu verdienen scheint, ist die Möglichkeit des Fehlens S c h a p e r - C o h e n scher Indifferenzzonen in den Lymphfollikeln, was vielleicht auch mit der vorwiegend arteriell-kapillären Vaskularisation zusammenhängt.

Es bleibt mir nun noch die Aufgabe, verschiedene zu Eingang der Arbeit erwähnte Theorien über das Zustandekommen der myeloischen Metaplasie kritisch zu beleuchten.

Ich kann mich hier kurz fassen, denn S c h r i d d e , N a e g e l i u. a. haben bereits größtenteils eine kritische Sichtung der bestehenden Anschauungen vorgenommen.

Was zunächst die verschiedenen Anhänger des autochthonen Prinzips betrifft, so leiden die Konstruktionen der einen Autoren daran, daß sie nur die Milz in den Kreis ihrer Betrachtung zogen (indifferente Pulpazellen; Splenozyten), andere vindizieren den indifferenten Groß-Lymphozyten die Fähigkeit, sich auch nach der myeloischen Richtung zu differenzieren, wobei aber der Nachweis der generellen Verbreitung, wie sie gefordert werden muß, noch nicht geleistet ist. Eine dritte Gruppe von Forschern imputiert den „Großen Mono" und den „eigentlichen" Lymphozyten myeloische Differenzierungspotenzen, ohne den hohen Grad der Spezialisierung dieser Elemente zu berücksichtigen sowie den mangelnden Nachweis der allgemeinen Verbreitung (besonders „Große Mono"!). Endlich wird auch die Existenz normalerweise präformierten Myeloidgewebes und Hyperplasie desselben in der Milz angenommen. Wie wollen nun aber alle diese Auffassungen das Vorkommen myeloischer Formationen im Fettgewebe erklären? Auch die pathologische Blutbildung in der Leber dürfte durch die obigen Hypothesen dem Verständnis kaum näher gerückt sein. — Hinsichtlich der Innidationstheorie kann ich nur wiederholen, was schon andere Autoren betont haben, z. B. das Vorkommen myeloischer Umwandlung bei Fehlen unreifer Knochenmarkszellen im zirkulierenden Blute bei z. T. aplastischen Anämien, Infektionskrankheiten usw.

Aber abgesehen davon, fehlt bisher der Beweis, daß die Existenz im Blute zirkulierender unreifer myeloischer Elemente genügen würde, um myeloische Metaplasie zu erzeugen. Auch die typische Anordnung der myeloischen Formationen wird schon von Naegeli contra Einschwemmungstheorie ins Feld geführt, wobei ich z. B. auf die Leber verweisen möchte. Die Entstehung myeloischer Umwandlung im Anschluß an Blutungen bedarf keiner weiteren Widerlegung, denn hämorrhagische Herde machen einen ganz anderen Eindruck als rein proliferatorische myeloische Komplexe. Es muß auch hier wieder betont werden, daß die myeloischen Formationen bei pathologischer postfötaler Blutbildung in fast gleicher Anordnung schon im normalen Embryo, beispielsweise in der Leber, schon zu einer Zeit vorkommen, wo Knochenmark, Milz und Lymphdrüsen noch fehlen.

Nicht unterlassen will ich, mit anderen Untersuchern auch darauf hinzuweisen, daß zwischen den myeloisch-leukämischen Wucherungen und den extramedullären hämatopoetischen Bildungen bei Anämien, Infektionen, gesunden menschlichen Embryonen usw. in histogenetischer Hinsicht keine prinzipiellen, sondern nur graduelle Unterschiede bestehen.

Was nun noch die Auffassung von B a n t i , R i b b e r t und S c h n e i t e r betrifft, so gelten hier auch die oben erwähnten Einwände. Außerdem existieren nach den Angaben verschiedener Forscher auch myeloische und lymphatische Leukämien, wo das Knochenmark ganz oder größtenteils nicht aus Zellmark besteht. Auch die Durchwachsung der Knochensubstanz und Bildung periostaler myeloischer „Infiltrate" (B a n t i) sowie der Befund kapsulärer und perikapsulärer myeloischer Wucherungen (B a n t i und N a e g e l i) bei Lymphdrüsen genügt noch nicht zur Diagnose malignen schrankenlosen Wachstums im Sinne bösartiger Tumoren; auch ist die Berechtigung der Verwendung des Begriffes „schrankenlos" hier absolut nicht über jeden Zweifel erhaben. Infiltratives Wachstum ist an und für sich noch kein absolutes Kriterium der typischen sarkomatösen und karzinösen Malignität, sondern die Zerstörung des invadierten Gewebes (durch Heterolyse) in Kombination mit echter Metastasenbildung und mehr oder minder schwerer Intoxikation von seiten des Tumors. Das Vorkommen myeloischer Herde im Periost und im kapsulären und perikapsulären Gewebe der Lymphdrüsen wird ohne weiteres verständlich, wenn man eine Entstehung aus Bindegewebe annimmt. Auch in der Kapsel der embryonalen Lymphdrüse fanden sich ja unreife myeloische Zellen zwischen den Bindegewebselementen.

Es dürfte also aus diesen kritischen Bemerkungen hervorgehen, daß **nur zwei Möglichkeiten für die Genese myeloischer Formationen in Betracht kommen können,** und zwar **die Abstammung von Blutgefäßendothelien oder von Bindegewebszellen.** Nach der oben von mir entwickelten Auffassung scheint letztere Konzeption eine größere Wahrscheinlichkeit für sich zu haben, doch soll damit nicht in Abrede gestellt werden, daß auch die endotheliale Hämatopoese wenigstens aus vergleichend-entwicklungsgeschichtlichen Gründen im Bereich der Möglichkeit liegt und vielleicht kombiniert mit der bindegewebigen Genese in Erscheinung treten kann.

Zum Schlusse möchte ich noch eine **kurze Übersicht über verschiedene Befunde, deren Interpretation und Konsequenzen geben**; bezüglich der Details sei auf den Text verwiesen.

1. Betreffs der Histogenese der myeloischen Metaplasie entwickelte ich auf Grund der erhobenen Befunde und gewisser Resultate vergleichend embryologischer Forschung folgende Auffassung:

Die myeloischen Wucherungen gehen aus Bindegewebszellen hervor, und zwar

a) aus Bindegewebszellen von embryonalem Charakter (Heteroplasie), welche überall im Bindegewebe verbreitet sind und höchstwahrscheinlich durch den myeloischen Proliferationsreiz noch eine gewisse Entdifferenzierung erleiden (indirekte Metaplasie), bevor sie sich nach der myeloischen Richtung entwickeln können. Es handelt sich also demnach um eine Kombination von Heteroplasie mit indirekter Metaplasie;

b) aus differenzierten Bindegewebszellen durch indirekte Metaplasie, d. h. durch Verlust der spezifischen morphologischen und biologischen Charaktere und Rückkehr zu dem Zustand einer gewissen Indifferenz. Den Übergang zu den erwähnten Elementen des Bindegewebes vermitteln die Myeloblasten und basophilen Erythroblasten. Als dritte direkt von bindegewebigen Elementen abstammende myeloische Zellspezies dürften noch die Megakaryozyten in Betracht kommen. — Weiteres darüber siehe Teil IV.

Eine endotheliale Hämatopoese konnte in obigen Untersuchungen bisher nicht mit etwelcher Sicherheit nachgewiesen werden, doch soll die Möglichkeit einer solchen neben der bindegewebigen Abstammung in Berücksichtigung der bei verschiedenen Wirbeltieren konstatierten engen Verwandtschaft zwischen Bindegewebszellen, Endothelien und Blutzellen nicht bestritten werden. Am wahrscheinlichsten schiene mir in diesem Fall die heteroplastische oder indirekt-metaplastische endotheliale Genese der basophilen Erythroblasten und auch der Myeloblasten gemäß dem unten von mir entwickelten Prinzip über die Bedeutung der Protoplasma-Basophilie. Gewisse Befunde, die ich kürzlich erheben konnte, dürften bei Vornahme von Kontroll-Untersuchungen an geeignetem Material vielleicht die Qualifikation gewinnen, letztere Auffassung zu stützen.

9*

2. Betreffs **pathologischer postfötaler Blutbildung in der Leber** möchte ich bemerken, daß der intralobulär-extrakapilläre hämatopoetische Modus autochthoner Natur sein muß und nach meiner Ansicht wahrscheinlich mit den perikapillären zelligen Elementen von Bindegewebscharakter nach dem Vorgang der Heteroplasie plus indirekte Metaplasie oder allein auf indirekt metaplastische Weise in genetische Relation zu setzen ist; immerhin ist der endotheliale Bildungstypus auch im Bereich der Möglichkeit. (Siehe hierüber auch Teil IV.)

3. Bezüglich des **Phänomens der Follikel-Atrophie bei myeloischer Umwandlung** von Milzpulpa, Marksträngen und Lymphsinus in Lymphdrüsen usw. möchte ich die Vermutung äußern, daß dieselbe nicht nur durch Druckwirkung von seiten des andrängenden myeloischen Gewebes, sondern vielleicht auch durch Sekretion heterolytischer Fermente von seiten der myeloischen Zellen zustande kommen kann. Auch pathologische Veränderungen der Follikular-Gefäße und wachstumshindernde Einflüsse auf das lymphatische Gewebe von seiten des myeloischen Proliferationsreizes könnten eine gewisse Rolle spielen.

4. Die bisher unerklärte **embryonale und fötale Hämatopoese in der Leber** (intra- und extrakapillär und in den Bindegewebsspalten des G l i s s o n schen Gewebes) dürfte nach meiner in Teil III ausführlich entwickelten Auffassung dadurch zustande kommen, daß die Sprossen der vorderen Darmwand, welche in das vordere Mesenterium hineinwachsen und die Anlage der Leber repräsentieren, größere Komplexe (G l i s s o n sches Gewebe) und auch kleinere Aggregate oder auch isolierte Herde (intra- und extrakapilläre Anhäufungen von Blutzellen inkl. Endothelien) von möglichst indifferenten Elementen (mesenchymale) des vorderen Mesenteriums zwischen sich liegen lassen, welche sich sowohl zu Blutzellen als auch zu Endothelien und Bindegewebszellen differenzieren können, bzw. z. T. schon differenziert haben bei Beginn der Leberentwicklung.

5. Ferner konnte ich auch konstatieren, daß im G l i s s o n schen Gewebe der fötalen Leber und in anderen fötalen Organen die **Kapillarbildung** in der Weise vor sich ging, daß embryonale Bindegewebszellen sich aneinander lagerten und durch Differenzierung zu Endothelien das Kapillarrohr bildeten.

6. **Die Blutbildung in der fötalen Thymus** verläuft nach meinen Befunden nicht bloß in den Septen (perivaskulär), wie man bis jetzt glaubte, sondern auch in Rinde und Mark des Parenchyms. Dieses Verhalten möchte ich dadurch erklären, daß die Epithelsprossen der dritten Visceralspalte, welche die Anlage der Thymus repräsentieren, in das benachbarte embryonale Bindegewebe eindringen (bzw. Mesenchym) und zwischen sich mesenchymale Gewebskomplexe liegen lassen (welche z. T. schon extravaskuläre Blutbildung aufweisen), sowie wohl auch indifferente Mesenchymzellen, welche noch im Besitz der drei verschiedenen Differenzierungspotenzen sind. Bei der Formierung von Septen, Rinde und Mark ist es dann natürlich nichts Paradoxes, wenn solche gefäß- und blutzellenhaltige Mesenchymkomplexe in das Thymus-Parenchym eingeschlossen werden und da während bestimmter Zeit persistieren.

Der auffällige **Reichtum an eosinophilen Myelozyten und Leukozyten in der Thymus** gegenüber Leber, Pankreas usw. steht höchstwahrscheinlich in kausalem Konnex zu den degenerativen Prozessen in den H a s s a l schen Körperchen und in den isolierten Epithelien in dem Sinne, daß die Zerfallsprodukte derselben in spezifischer Weise eine autochthone Hyperplasie der eosinophilen Elemente bedingen, welche ihrerseits dann offenbar mit der Wegschaffung dieser Zerfallsprodukte bzw. Auflösung derselben betraut sind.

7. Der von mir erstmals erhobene Befund einer **bedeutenden extravaskulären Hämatopoese im interstitiellen Gewebe des fötalen Pankreas** erklärt sich, entsprechend meiner schon oben entwickelten Auffassung, zwanglos dadurch, daß die Darmwandsprossen, welche in das hintere und vordere Mesenterium hineinwachsen und die dorsale und ventrale Pankreasanlage repräsentieren, zahlreiche „hämato-hämangiopoetische" und z. T. auch indifferente Mesenchymkomplexe zwischen sich liegen lassen, die bei der Formierung der Pankreas-Läppchen als interstitielle Hämatopoese in Erscheinung treten.

8. In der **fötalen Lymphdrüse** konnte ich ebenfalls eine nicht unbedeutende **Hämatopoese** nachweisen, und zwar besonders in der Marksubstanz und in den Sinus; wesentlich geringer war dieselbe in der diffusen Rindenregion, welch letztere nur an einer

Stelle beginnende Follikelbildung mit kleinen Lymphozyten, unscharfer Abgrenzung und Mangel eines Keimzentrums erkennen ließ. Die Blutbildung verläuft in Mark und Rinde hauptsächlich extravaskulär in den Spalten und Maschen des Bindegewebes. Markfollikel fehlen ganz. Die geringe Blutbildung in der Rinde ist höchstwahrscheinlich ein Parallelsymptom der geringen kortikalen Vaskularisation und des geringeren Kalibers der vorwiegend arteriellen Gefäße (meist Kapillaren); dieselbe weist daraufhin, daß die Lymphfollikel sich hauptsächlich da im Anschluß an Lymphsinus (Sinus-Endothelien) bilden, wo vielleicht zufällig wenig oder keine Mesenchymzellen mit noch ausgeprägter myeloischer und endothelialer Differenzierungstendenz vorhanden sind. Ob arterielle oder venöse Blutbeschaffenheit und größere oder geringere Strömungsgeschwindigkeit bei der Entwicklung lymphatischer oder myeloischer Komplexe eine gewisse Rolle spielen, halte ich nicht für unmöglich.

Bezüglich weiterer Details über diese Fragen muß ich auf Teil III (fötale Lymphdrüse) verweisen.

9. Im **fötalen Femur** findet sich vorwiegend myeloblastisch-myelozytäres Zellmark und nur zum kleinen Teil sog. „primäres" Knochenmark. Lymphatische Zellen fehlen. Die Hämatopoese verläuft größtenteils extravaskulär. Die Erythropoese ist im Verhältnis zur Leber gering.

10. In der **fötalen Milz** zeigte sich bereits beginnende Follikel-Entwicklung. Die Follikel sind noch klein, unscharf abgegrenzt, ohne Keimzentren und bestehen aus mittelgroßen Lymphozyten. In der Pulpa findet sich starke Hämatopoese, und zwar hauptsächlich in den Reticulum-Maschen derselben (im Gegensatz zu den bisherigen Anschauungen); wesentlich geringer ist die Blutbildung in den venösen Kapillaren und Venen der Pulpa.

Die **fötale Hämatopoese in der Niere** erklärt sich am ungezwungensten als Teilerscheinung diffuser Blutbildung im Körper des Fötus bzw. Embryos.

11. In verschiedenen fötalen Organen konnte ich den Befund von zelligen Elementen erheben, welche nach meiner Ansicht kaum anders denn als **Übergangsformen von indifferenten mesenchymalen Elementen zu Myeloblasten einerseits und basophilen Erythroblasten andererseits** gedeutet werden können.

12. **Die Basophilie des Protoplasmas** der normalen und pathologischen Myeloblasten, der basophilen Erythroblasten, der Plasmazellen (bei letzteren im Zusammenhang mit der Antikörperbildung) und vielleicht auch anderer cellulärer Elemente, hängt nach meiner Ansicht höchstwahrscheinlich **mit der Differenzierung aus indifferenteren Vorstufen (Bindegewebszellen und Blutgefäß-Endothelien** bei den myeloischen Zellspezies; Lymphocyten und Lymphoblasten bei den Plasmazellen) zusammen und ist wohl durch eine physiologische oder auch pathologische (z. B. Plasmazellen) Steigerung der protoplasmatischen und nukleären Stoffwechselprozesse infolge **vermehrten Bedarfs an oxy- oder basichromatischen Nukleoproteiden (oder beiden zugleich in gewissen Verhältnissen)** bedingt[1]). Sehr wahrscheinlich handelt es sich dabei um eine **potenzierte Synthese der (sauren, phosphor- und meist auch eisenhaltigen) Nukleoalbumine** und eventuell auch noch anderer saurer Eiweißkörper (Globuline usw) im Protoplasma, welche durch ihre Affinität zum Methylenblau die Blaufärbung des Protoplasmas bedingen. Näheres über diese Vorgänge bei der Färbung siehe in meiner Arbeit über die Technik. Diese potenzierte Nukleoalbumin-Synthese steht ihrerseits mit einer Anreicherung an Nukleoproteiden (H e i d e n h a i n) im Kern, d. h. mit der Formierung der Oxy- und Basi - Chromiolen und sekundär auch der Nukleolen in kausalem Konnex, wobei letztere nach den Untersuchungen von H e i d e n h a i n als Abfallsprodukt bei der Chromatin-Vermehrung infolge Abspaltung phosphorfreier, vorwiegend basischer Eiweißkörper (Histon) entstehen. Der ganze Prozeß dürfte also so verlaufen, daß die Nukleoalbumine die Muttersubstanz der Oxychromiolen und diese die Vorläufer der Basichromiolen repräsentieren, welche letzteren aus dem Oxychromatin durch Abspaltung von Nukleolar-Substanz (Histon) entstehen.

---

[1]) A n m e r k u n g: Die relativen Mengenverhältnisse der Basi- und Oxy-Chromiolen stehen dabei in kausalem Konnex zu den generativen Funktions-Zuständen der Zelle, indem zu Zeiten der Mitose eine Vermehrung des Basichromatins und in der extramitotischen Phase eine solche des Oxychromatins auf Kosten der Basichromiolen statt hat (z. B. hell- und dunkelkernige Lymphozyten). Möglicherweise üben aber auch andere Funktionszustände der Zelle einen Einfluß auf die Bildung von Basi- und Oxychromiolen aus (z. B. toxische und infektiöse Reize?).

13. Der größere Gehalt mancher Zellen an **Nukleolar-Substanz**[1]), wie z. B. bei Myeloblasten und Lymphoblasten, manchen atypischen großen Lymphozyten und Megakaryozyten, ist also der **morphologische Ausdruck des Zellwachstums und speziell des Größenwachstums des Kerns,** und möchte ich auf Grund von Beobachtungen der Ansicht Ausdruck geben, daß **die Zahl bezw. der Durchmesser der Nukleolen um so größer ist, je schneller die Zelle und speziell der Kern wächst und je länger gleichzeitig die Wachstumsperiode dauert.** Nach Beendigung der Wachstumsperiode der Zelle verschwinden die Nukleolen zum großen Teil oder ganz aus dem Kern, indem sie ins Protoplasma austreten und dort höchstwahrscheinlich durch Heterolyse verflüssigt werden.

14a. Der Befund **basophiler Punktierung an Mitosen**[2]) von **Erythroblasten, Lymphozyten, Lymphoblasten, Myelobasten,** sowie auch an extramitotischen kernhaltigen Roten, welcher im Schnitt von mir zum erstenmal erhoben worden ist, deutet nach meiner Ansicht auf einen **Zusammenhang mit der Mitose.** Es ist mir nicht unwahrscheinlich, daß diese basophile Punktierung direkt auch mit einer gesteigerten Bildung von phosphorhaltigen sauren Eiweißkörpern (Nukleoalbumine) zusammenhängt, welche ihrerseits **durch die mitotische und prämitotische Basichromatin-Synthese bedingt** sein dürfte.

Die häufige Coincidenz [3]) **von Protoplasma-Basophilie (bzw. auch Polychromasie) mit basophiler Punktierung bei Mitosen** erklärt sich wohl am besten dadurch, daß beide Phänomene indirekt der Chromatin-Synthese dienen, welche sowohl bei der

---

[1]) Anmerkung: Manche an Nukleolarsubstanz reiche Kerne mit relativ geringem Basichromatingehalt dürften relativ zahlreiche Oxychromiolen enthalten (postmitotische Oxychromatin-Synthese), indem eben die Nukleolenbildung vorwiegend bei der Oxychromatin-Synthese im Stadium der Teilungsruhe vor sich geht.

[2]) Anmerkung: Auch im Blut-Ausstrich gelang mir der (im Schnitt schon vor zwei Jahren erhobene) Nachweis basophil punktierter Mitosen, darunter solche von schwach polychromatischen Megaloblasten.

[3]) Anmerkung: Vielleicht ist das Auftreten der basophilen Punktierung bei der Mitose an das Bestehen einer stärkern oder schwächern Protoplasma-Basophilie gebunden (Konzentration der entsprechenden sauren Eiweißkörper zu mehr oder weniger punktförmigen Colloid-Komplexen).

Differenzierung aus indifferenteren Vorstufen (bindegewebige Elemente und Endothelien) in Form der Bildung von Oxy- und Basi-Chromiolen, als auch bei der Mitose in Gestalt der gesteigerten Basichromatin-Synthese in Gang gesetzt wird. **Das materielle Substrat der basophilen Punktierung stammt nach meiner Ansicht also aus dem Protoplasma und nicht aus dem Kern.**

Diese **echte basophile Punktierung** der Erythroblasten und Erythrozyten darf nicht verwechselt werden mit den Körnchen und den punktförmigen Derivaten des karyorrhektischen und intrazellulär-karyolytischen Kernzerfalls (z. B. J o l l y sche Kernreste und N i ß l e sche Körnchen). Beide Prozesse können eben in der Weise interferieren, daß die primär auftretende basophile Punktierung sowie auch die (Polychromasie) bei Eintritt der Entkernung persistiert und dieses Stadium sogar überdauert.

Die echte basophile Punktierung kann also nicht als Degenerations-Symptom verwertet werden, sondern sie repräsentiert den morphologischen Ausdruck mitotischer Vermehrung.

Die Polychromasie der kernhaltigen Roten dürfte ein vermittelndes Glied zwischen Basophilie und Orthochromasie der Erythroblasten repräsentieren, d. h. eine Kombination von Bildung saurer Eiweißkörper (Nukleoalbumine und vielleicht auch Globuline usw.) und beginnender Hämoglobin-Synthese im Protoplasma. Dabei können die polychromatischen Exemplare entweder direkt von basophilen Typen abstammen und infolge einer gewissen Entwicklung bereits an Basophilie eingebüßt haben, oder sie sind die direkten (mitotischen) Nachkommen polychromatischer Mutterzellen, welchen gemäß meiner oben entwickelten Auffassung ein geringerer Grad von Indifferenz zukäme als den basophilen Elementen.

14 b. Auch **die sog. basophile Quote der neutrophilen und eosinophilen Granula** scheint meiner Ansicht nach in letzter Instanz mit der Differenzierung obiger Körnchen aus dem (basophilen) Myeloblasten-Protoplasma zusammenzuhängen. Nach dieser Auffassung wäre also die basophile Quote ein Hinweis für die Entwicklung der betreffenden Zellen (welche obiges Merkmal unter Umständen auch auf ihre mitotischen Teilungsprodukte übertragen) aus den unreifsten Elementen der leukozytären Reihe (Myeloblasten und Promyelozyten) und nicht für

die Abstammung aus reifen myelozytären Zellen mit vorwiegender Oxyphilie des Protoplasmas und der Granula.

Eine Beziehung der basophilen Quote zur Mitose, im kausalen Zusammenhang mit der mitotischen und prämitotischen Basichromatin-Synthese ist wenig wahrscheinlich.

Beiläufig möchte ich hier noch bemerken, daß in chemisch-tinktorieller Hinsicht die Verhältnisse bei diesen unreifen Formen obiger Granula höchstwahrscheinlich so liegen, daß die Körnchen mit basophiler Quote bedeutend mehr saure Eiweißkörper enthalten als die reifen, vorwiegend oxyphilen Granula. Die Folge davon ist die Aufnahme größerer Mengen basischer Farbstoffe bei ersteren im Gegensatz zu letzteren, welche eine überwiegende Avidität zu sauren Farbstoffen (Eosin, Säurefuchsin, Pikrinsäure usw.) erkennen lassen und deshalb in der Hauptsache aus basischen Eiweißkörpern bestehen dürften.

Die tinktorielle Resultante des Überwiegens saurer oder basischer Atomgruppen ist die Färbung in einem Mischton von blau und rot (nämlich bei Anwendung von Eosin und Methylenblau), welcher sich je nach dem Überwiegen der aziden oder basischen Radikale zwischen bläulicher und roter Nuance bewegt. Von einer Färbung der neutrophilen Granula mit neutralem eosinsauren Methylenblau in irgendeinem Reifestadium derselben dürfte kaum die Rede sein, sondern vielmehr handelt es sich um die Aufnahme der (durch Hydrolyse und elektrolytische Dissociation entstandenen) Farbsäure und Farbbase, bzw. Farbsäure-Jon und Farbbasen-Jon durch Adsorption, Absorption, chemische Bindung und Lösung im Sinne des Teilungsgesetzes. Die relativen Mengenverhältnisse der aufgenommenen sauren und basischen Farbstoffe werden bestimmt durch das Verhältnis der aziden (z. B. COOH) zu den basischen (z. B. NH_2) Atomkomplexen in dem materiellen Substrat der neutrophilen und eosinophilen Granula.

15. Bezüglich des Befundes von Mastzellen, welchen ich in gewissen Lymphdrüsen erheben konnte, und die ich als **lymphozytäre Mastzellen** bezeichnet habe, möchte ich vorläufig nur mitteilen, daß dieselben in Beziehung zu lymphozytären Plasmamastzellen zu stehen scheinen, jedoch einen relativ basichromatinarmen Kern, nicht selten konzentrische Kernlage und noch keine Radspeichenstruktur besitzen.

16. Eine Zellart, welche bisher meines Wissens noch nie beschrieben wurde, fand ich in einer Lymphdrüse von perniziöser Anämie. Es handelt sich um lymphozytäre Plasmazellen, welche in ihrem Protoplasma nebeneinander azidophile und basophile Granula beherbergen. Diese Zellen dürften ebenfalls im Dienste der Antikörper-Bildung stehen und sind nicht als Degenerationsprodukte aufzufassen. Ich habe diese Elemente als **baso-azidophil granulierte lymphozytäre Plasmazellen** bezeichnet.

17. Zwischen **Follikel- und Markstrang-Hyperplasie** mit Entwicklung von Keimzentren in ersteren besteht im betreffenden Falle mit großer Wahrscheinlichkeit eine Relation im Sinne der Abhängigkeit der letzteren von primär in Erscheinung tretender Follikel-Hyperplasie. Die Existenz eines koordinierten Verhältnisses der beiden Phänomene ist weniger wahrscheinlich. (Siehe Lymphdrüse von Anaemia pseudoleukaemica infantum; Teil II.)

18. Bei einem Falle **chronischer großzelliger lymphatischer Leukämie** ging die Wucherung atypischer großer Lymphozyten von den Marksträngen aus. Die Follikel wurden durch diese Proliferation nicht zur Druckatrophie gebracht, sondern in (atypisches) Markstranggewebe verwandelt, welcher Vorgang von mir als **„markstrangartige Metamorphose der Follikel"** bezeichnet worden ist. Damit habe ich also den Nachweis erbracht, daß in diesem Falle die großen Lymphozyten des Blutes (75 % von 248 000 Weißen) betreffs der Lymphdrüsen primär aus den Marksträngen und erst sekundär aus den markstrangartig umgewandelten Follikeln stammen.

19. Bei dem gleichen Fall kam das histologische Bild der **„diffusen lymphatischen Rindenzone"** in der Lymphdrüse durch mehr oder minder starke Beteiligung von Markstrang-Elementen am Aufbau der Rindenfollikel zustande.

20. **Die Reduktion der Follikel bei (akuter) myeloischer Leukämie** an Zahl und Durchmesser (in Lymphdrüsen) kann unter Umständen nicht allein durch sog. Druckatrophie infolge myeloischer Markstrangwucherung bedingt sein, sondern in gewissen Fällen ist dieselbe zum größern Teil auf Umwandlung in granulomatöses Markstranggewebe zurückzuführen.

21. Es soll hier noch besonders auf das häufige, ja fast konstante **Auftreten mehr oder minder ausgedehnter entzündlicher**

Vorgänge (Plasma-Zellen-Bildungen) in Begleitung myeloischer Umwandlungsprozesse hingewiesen werden. Ich möchte es nicht als ausgeschlossen erachten, daß dieses Phänomen ebenfalls durch den myeloischen Proliferationsreiz bedingt ist.

22. Das häufige Freibleiben der Lymphfollikel von Plasmazellen und das vorwiegende Auftreten derselben in den Marksträngen (der Lymphdrüsen) deutet meiner Ansicht nach darauf hin, daß die **lymphozytäre Plasmazellen-Genese meistens oder vielleicht immer primär in den Marksträngen einsetzt** und erst sekundär auf die Follikel übergeht.

23. Auffällig ist bei lymphatischer Leukämie, das, wie es scheint, häufige Fehlen vikariierender (extramedullärer) Erythropoese im Gegensatz zur Leukopoese.

NB. Betreffs der technischen Details muß ich auf meine demnächst erscheinende Arbeit: **„Technik der hämatologischen Granulafärbungen in Schnittpräparaten mit Berücksichtigung der physikalischen und chemischen Prozesse bei der Fixierung und Färbung"**, verweisen.

Neuere Befunde, welche ich nach Abschluß obiger Untersuchungen machte, erheben die Annahme einer endothelialen Hämatopoese zur Gewißheit, wobei ich nach meinen bisherigen Erfahrungen den Bildungsmodus in der Weise präzisieren muß, daß aus den zellulären Wandelementen der Kapillaren Myeloblasten, basophile Erythroblasten und wahrscheinlich auch Megakaryozyten entstehen, welche ersten beiden Zell-Spezies dann Myelozyten und Leukozyten einerseits und polychromatische und orthochromatische Rote andererseits entstehen lassen.

Gewisse Bedenken, welche ich im Text (IV. Teil) betreffs der endothelialen Hämatopoese geltend gemacht habe, muß ich infolge meiner eben erwähnten neueren Beobachtungen als hinfällig erklären.